中国编辑学会组编

中国科技之路

信息卷

中宣部主题出版
重点出版物

智联万物

本卷主编 倪光南

邵素宏 武 聪 黄小红 著

人民邮电出版社

北京

图书在版编目（ＣＩＰ）数据

中国科技之路. 信息卷. 智联万物 / 中国编辑学会
组编 ; 倪光南本卷主编 ; 邵素宏, 武聪, 黄小红著. --
北京 : 人民邮电出版社, 2021.6
ISBN 978-7-115-56590-7

Ⅰ. ①中… Ⅱ. ①中… ②倪… ③邵… ④武… ⑤黄
… Ⅲ. ①技术史－中国－现代②信息技术－技术史－中国
－现代 Ⅳ. ①N092②G202

中国版本图书馆CIP数据核字(2021)第093991号

内 容 提 要

本书系统地梳理中国信息技术的发展脉络，呈现网络基础设施的建设成果、信息技术应用的领先成就以及数字经济发展的繁荣景象，立足创新的发展、实践的勇气、开放的精神，以全球化的视野描绘信息时代的宏大图景，勾勒我国网络强国建设和国计民生战略规划的壮丽画卷。

第一篇总括信息技术对经济社会发展的重要性，以及我国信息化建设的丰硕成果，凸显"中国力量"在信息通信领域的崛起对中国以及世界的积极影响和贡献。第二篇以"创新"为题眼，选取典型的六大领域，分别详述关键技术成果和重大科技进步，主体立足现实发展，突出典范与价值，总结经验与要因，提出未来之预想。第三篇着眼数字时代的机遇与挑战，聚焦国际竞争的热点领域，对日渐兴起的新一轮信息技术革命进行前瞻性观察，彰显我国建设网络强国、数字中国、智慧社会的决心和信心。

中国科技之路 信息卷 智联万物
ZHONGGUO KEJI ZHI LU XINXI JUAN ZHILIAN WANWU

◆ 组　　编　中国编辑学会
　　本卷主编　倪光南
　　著　　　　邵素宏　武　聪　黄小红
　　责任编辑　韦　毅　王丽丽　朱琳君
　　责任印制　李　东　周昇亮

◆ 人民邮电出版社出版发行　　北京市丰台区成寿寺路 11 号
　　邮编　100164　电子邮件　315@ptpress.com.cn
　　网址　https://www.ptpress.com.cn
　　北京盛通印刷股份有限公司印刷

◆ 开本：720×1000　1/16
　　印张：17.25　　　　　　　　　2021 年 6 月第 1 版
　　字数：209 千字　　　　　　　2021 年 6 月北京第 1 次印刷

定价：100.00 元

读者服务热线：(010)81055552　印装质量热线：(010)81055316
反盗版热线：(010)81055315
广告经营许可证：京东市监广登字 20170147 号

《中国科技之路》编委会

信息卷编委会

做好科学普及，是科学家的责任和使命

中国科技事业在党的领导下，走出了一条中国特色科技创新之路。从革命时期高度重视知识分子工作，到新中国成立后吹响"向科学进军"的号角，到改革开放提出"科学技术是第一生产力"的论断；从进入新世纪深入实施知识创新工程、科教兴国战略、人才强国战略，不断完善国家创新体系、建设创新型国家，到党的十八大后提出创新是第一动力、全面实施创新驱动发展战略、建设世界科技强国，科技事业在党和人民事业中始终具有十分重要的战略地位、发挥了十分重要的战略作用。党的十九大以来，党中央全面分析国际科技创新竞争态势，深入研判国内外发展形势，针对我国科技事业面临的突出问题和挑战，坚持把科技创新摆在国家发展全局的核心位置，全面谋划科技创新工作。通过全社会共同努力，重大创新成果竞相涌现，一些前沿领域开始进入并跑、领跑阶段，科技实力正在从量的积累迈向质的飞跃，从点的突破迈向系统能力提升。

科技兴则民族兴，科技强则国家强。2016 年 5 月 30 日，习近平总书记在"科技三会"上指出："科技创新、科学普及是实现创新发展的两翼，要把科学普及放在与科技创新同等重要的位置"，希望广大科技工作者以提高全民科学素质为己任，"在全社会推动形成讲科学、爱科学、学科学、用科学的良好氛围，使蕴藏在亿万人民中间的创新智慧充分释放、创新力量充分涌流"。站在"两个一百年"奋斗目标历史交汇点上，我国正处于加快实现科技自立自强、建设世界科技强国的伟大征程中。在新的发展阶段，做好科学普及、提升公民科学素质、厚植科学文化，既是建设世界科技强国的迫切需要，也是中国科学家义不容辞的社会责任和历史使命。

为此，中国编辑学会组织 15 家中央级科技出版单位共同策划，邀请各领域院士和专家联合创作了《中国科技之路》科普图书。这套书以习近平新时代中国特色社会主义思想为指导，以反映新中国科技发展成就为重点，以文、图、音频、视频相结合的直观呈现形式为载体，旨在激励全国人民为努力实现中华民族伟大复兴的中国梦而奋斗。《中国科技之路》于 2020 年列入中宣部主题出版重点出版物选题，分为总览卷、信息卷、交通卷、建筑卷、卫生卷、中医药卷、核工业卷、航天卷、航空卷、石油卷、海洋卷、水利卷、电力卷、农业卷、林草卷共 15 卷，相关领域的两院院士担任主编，内容兼具权威性和普及性。《中国科技之路》力图展示中国科技发展道路所蕴含的文化自信和创新自信，激励我国科技工作者和广大读者继承与发扬老一辈科学家胸怀祖国、服务人民的优秀品质，不负伟大时代，矢志自立自强，努力在建设科技强国实现复兴伟业的征程中作出更大贡献。

侯建国

中国科学院院士

《中国科技之路》编委会主任

2021 年 6 月

科技开辟崛起之路　　出版见证历史辉煌

2021 年是中国共产党百年华诞。百年征程波澜壮阔，回首一路走来，惊涛骇浪中创造出伟大成就；百年未有之大变局，我们正处其中，踏上漫漫征途，书写世界奇迹。如今，站在"两个一百年"的历史交汇点上，"十三五"成就厚重，"十四五"开局起步，全面建设社会主义现代化国家新征程已经启航。面向建设科技强国的伟大目标，科技出版人将与科技工作者一起奋斗前行，我们感到无比荣幸。

2021 年 3 月，习近平总书记在《求是》杂志上发表文章《努力成为世界主要科学中心和创新高地》，他指出："科学技术从来没有像今天这样深刻影响着国家前途命运，从来没有像今天这样深刻影响着人民生活福祉""中国要强盛、要复兴，就一定要大力发展科学技术，努力成为世界主要科学中心和创新高地。我们比历史上任何时期都更接近中华民族伟大复兴的目标，我们比历史上任何时期都更需要建设世界科技强国！"在这样的历史背景下，科学文化、创新文化及其所形成的科普、科学氛围，对于提升国民的现代化素质，对于实施创新驱动发展战略，不仅十分重要，而且迫切需要。

中国编辑学会是精神食粮的生产者，先进文化的传播者，民族素质的培育者，社会文明的建设者。普及科学文化，努力形成创新氛围，让科学理论之弘扬与科学事业之发展同步，让科学文化和科学精神成为主流文化的核心内涵，推出高品位、高质量、可读性强、启发性深的科技出版物，这是一条举足轻重的发展路径，也是我们肩负的光荣使命，更是国际竞争对我们的强烈呼唤。秉持这样的初心，中国编辑学会在 2019 年 7 月召开项目论证会，确定以贯彻落实党和国家实施创新驱动发展战略、建设科技强国的重大决策为切入点，编辑出版一套为国家战略所必需、为国民所期待的精品力作，展现我国科技实力，营造浓厚科学文化氛围。随后，中国编辑学会组织了半年多的调研论证，经过数番讨论，几易方案，终于在 2020 年年初决定由中国编辑学会主持策划，由学会科技读物编辑专业委员会具体实施，组织人民邮电出版社、科学出版社、中国水利水电出版社等 15 家出版社共同打造《中国科技之路》，以此向中国共产党成立 100 周年献礼。2020 年 6 月，《中国科技之路》入选中宣部 2020 年主题出版重点出版物。

《中国科技之路》以在中国共产党领导下，我国科技事业壮丽辉煌的发展历程、主要成就、关键节点和历史意义为主题，全面展示我国取得的重大科技成果，系统总结我国科技发展的历史经验，普及科技知识，传递科学精神，为未来的发展路径提供重要启示。《中国科技之路》服务党和国家工作大局，站在民族复兴的高度，选择与国计民生息息相关的方向，呈现我国各行业有代表性的高精尖科研成果，共计 15 卷，包括总览卷、信息卷、交通卷、建筑卷、卫生卷、中医药卷、核工业卷、航天卷、航空卷、石油卷、海洋卷、水利卷、电力卷、农业卷和林草卷。

今天中国的科技腾飞、国泰民安举世瞩目，那是从烈火中锻来、向薄冰上履过，其背后蕴藏的自力更生、不懈创新的故事更值得点赞。特别是在当今世界，实施创新驱动发展战略决定着中华民族前途命运，全党全社会都在不断加深认识科技创新的巨大作用，把创新驱动发展作为面向未来的一项重大战略。基于这样的认识，《中国科技之路》充分梳理挖掘历史资料，在内容结构上既反映科技领域的发展概况，又聚焦有重大影响力的技术亮点，既展示重大成果、科技之美，又讲述背后的奋斗故事、历史经验。从某种意义上来说，《中国科技之路》是一部奋斗故事集，它由诸多勇攀高峰的科研人员主笔书写，浸透着科技的力量，饱含着爱国的热情，其贯穿的科学精神将长存在历史的长河中。这就是"中国力量"的魂魄和标志！

《中国科技之路》的出版单位都是中央级科技类出版社，阵容强大；各卷均由中国科学院院士或者中国工程院院士担任主编，作者权威。我们专门邀请了著名科技出版专家、中国出版协会原副主席周谊同志以及相关领导和专家作为策划，进行总体设计，并实施全程指导。我们还成立了《中国科技之路》编委会和出版工作委员会，组织召开了20多次线上、线下的讨论会、论证会、审稿会。诸位专家、学者，以及15家出版社的总编辑（或社长）和他们带领的骨干编辑们，以极大的热情投入到图书的创作和出版工作中来。另外，《中国科技之路》的制作融文、图、音频、视频、动画等于一体，我们期望以现代技术手段，用创新的表现手法，最大限度地提升读者的阅读体验，并将之转化成深邃磅礴的科技力量。

2016 年 5 月，习近平总书记在哲学社会科学工作座谈会上发表讲话指出，自古以来，我国知识分子就有"为天地立心，为生民立命，为往圣继绝学，为万世开太平"的志向和传统。为世界确立文化价值，为人民提供幸福保障，传承文明创造的成果，开辟永久和平的社会愿景，这也是历史赋予我们出版工作者的光荣使命。科技出版是科学技术的同行者，也是其重要的组成部分。我们以初心发力，满含出版情怀，聚合 15 家出版社的力量，组建科技出版国家队，把科学家、技术专家凝聚在一起，真诚而深入地合作，精心打造了《中国科技之路》，旨在服务党和国家的创新发展战略，传播中国特色社会主义道路的有益经验，激发全党、全国人民科研创新热情，为实现中华民族伟大复兴的中国梦提供坚强有力的科技文化支撑。让我们以更基础更广泛更深厚的文化自信，在中国特色社会主义文化发展道路上阔步前进！

中国编辑学会会长

《中国科技之路》编委会主任

2021 年 6 月

本卷序言

以新一代信息技术突破为国家发展
做好战略支撑

全面建设社会主义现代化国家的新征程已经开启，向第二个百年奋斗目标进军的号角已经吹响。《中华人民共和国国民经济和社会发展第十四个五年规划和2035年远景目标纲要》明确提出，坚持创新在我国现代化建设全局中的核心地位，把科技自立自强作为国家发展的战略支撑。

新中国成立以来，科技实力突飞猛进，无论是研发投入、研发人员规模，还是专利申请量、授权量，都实现了大幅增长，也在众多领域取得了一批具有世界影响力的重大成果。尤其是信息技术领域表现突出，自主创新历程和成果彰显了我们的科技自信和创新自信。

必须承认，主要由于历史原因，目前中国还做不到在新一轮科技革命中全面"领跑"，但正在更广领域努力实现"并跑"。新一轮科技革命预计将在新一代信息技术、生命科学、新能源、量子计算等方面取得突破。结合中国的实际情况而言，新一代信息技术是最有希望取得突破性进展的领域之一。

新一代信息技术属于"全球研发投入最集中、创新最活跃、应用最广泛、辐射带动作用最大"的技术创新领域。我国目前在 5G、光纤宽带、互联网等领域已经积累了一定的发展优势，但同样也还存在很多短板，例如芯片、操作系统、工业软件等。

从全世界的范围来看，信息技术领域都有着特定的游戏规则——体系化发展。中国要建设科技强国，就必须加强产业体系、技术体系和生态体系建设，这三大体系可以统称为"中国体系"。应当指出，在信息技术领域，众多硬软件技术相互支撑、相互结合，形成整体效能，并逐步形成技术体系，其作用远远大于单项技术、产品、服务等的作用。同时，技术体系需要有生态系统的支撑，因此，在着力解决"卡脖子"问题的同时，我们要注重"中国体系"的建设，除了要加大研发力度和资金支持外，还要有市场化引导，提供市场支持是形成"中国体系"成败的关键。

尽管面临前所未有的复杂而严峻的国际形势，但开放合作与自主研发创新仍然"两手都要抓"。一方面要继续保持开放，与世界各国共同协作交流，做好国际大循环；另一方面应坚持自主研发创新，挖掘和满足国内的市场需求，做好做强国内大循环。

在信息技术领域实现突破，要增强原始创新的比重。创新一般可分为原始创新、集成创新和引进消化吸收再创新三类。我国的科技创新大多属于后两类，还缺乏原始创新。随着我国经济实力和科技水平的日益提高以及中美"科技脱钩"的演进，我们应当将创新重点更多地转移到原始创新上来。

拉长长板、补齐短板，做到不受制于人，也是科技突破的一个重要体现。拉长长板，意味着要巩固和提升国际领先地位，提升产业质量，增强国际产业链对我国的依存关系，形成对外方人为断供的强有力反制和威慑能力。同时，还要加快补齐短板。在正常的国际贸易秩序下，任何国家包括中国在内，都不一定需要拥有产业链上的每个环节。不过，对我国而言，目前外部环境的多变性，使得凡是产业链上重要环节的短板都有可能被"卡脖子"，都需要尽快补齐。这样，才能使创新的主动权牢牢掌握在自己手中，从而实现建设世界科技强国的目标。

抚今追昔，我国科技创新在信息通信领域实现今日的成就何其难得，何其不易！因此，系统探究分析我国信息通信科技创新的重大成果、典型经验、成功路径、关键短板，十分必要而有价值，深度挖掘、书写我国信息通信科技工作者和建设者的感人故事、奋斗精神、家国情怀，十分可贵而有意义，而这也正是本书的主旨所在。

展望未来，我相信，面对百年未有之大变局，信息技术领域将秉承自立自强的信念，披荆斩棘、砥砺前行，为实现中华民族伟大复兴的中国梦贡献更大的力量。

是为序。

倪光南

中国工程院院士

本卷前言

科技兴则民族兴，科技强则国家强！

在生生不息的 5000 多年文明发展史中，中华民族创造了闻名于世的科技成果，造纸术、印刷术、火药、指南针这四大发明从古老东方传遍全球，对世界历史进程产生了巨大的影响。

然而，清朝末期，中国遭遇"三千年未有之大变局"，并从此沦为半殖民地半封建社会，内忧外患、战乱不止、社会动荡、民不聊生，数次科技革命机遇与东方巨龙擦肩而过，我们与世界先进水平的差距越来越大。

1921 年，中国共产党成立，给灾难深重的中国人民带来了光明和希望。这是中华民族历史上开天辟地的大事件。为中国人民谋幸福，为中华民族谋复兴！秉持这一初心使命，中国共产党带领中国人民先后取得抗日战争、解放战争的胜利，完成新民主主义革命，建立了中华人民共和国。在中国共产党的领导下，曾经积贫积弱的中国焕然一新，发生了改天换地、翻天覆地的历史巨变。改革开放以来，特别是党的十八大以来，中国各领域的发展突飞猛进，取得了举世瞩目的伟大成就，而信息技术正是其中的杰出代表。

　　虽然兴起不足百年，但是信息技术的快速迭代和广泛应用，对人类社会产生了难以估量的重大影响，其范围之广、程度之深、力度之大，前所未有。曾经错失数次科技进步机遇的中国，紧紧抓住信息革命的难得机遇，突破重重设障的技术封锁，凝心聚力、奋进创新，建成了全球一流的信息通信基础设施，取得了一系列关键核心技术的重大突破，形成了先进完整的信息制造工业体系，产生了一批世界级信息通信企业，培育了规模领先的信息大市场，打造了空前繁荣的数字经济生态，以"中国创新""中国模式""中国速度"进入了世界信息通信领域的第一方阵。

　　从落后到领先，从跟跑到领跑，从钦羡到自豪……中国在信息技术领域的一路奔腾、一路闯关，坎坷而精彩，艰险而神奇，其中的重大成果、创新故事值得书写，其间的科研先锋、发展经验值得铭记。

　　令人欣喜的是，在中国共产党迎来百年华诞之际，中国编辑学会组织人民邮电出版社等 15 家涉及各关键领域的中央级科技类出版社，共同出版《中国科技之路》，系统展示百年来在中国共产党的领导下，不同领域在不同时期以重大科技成果推动经济社会发生的翻天覆地的变化。《中国科技之路》从策划到出版历时近两年，立意高远、筹备精心，汇聚了各领域上百位专家学者的智慧，旨在普及科学知识、重塑科技自信、弘扬科学精神、推动科技进步，激励更多人特别是青年一代为建设世界科技强国而不懈奋斗。

　　作为《中国科技之路》的信息卷，本书从 5G、光纤通信、IP 技术、互联网、芯片等领域切入，系统梳理技术发展脉络，全面展现重大科技进步，大力弘扬时代精神和家国情怀，凸显"中国力量"在信息通信领域的崛起对我国以及世界的积极影响和贡献，并以全球化的视野描绘信息时代的宏大图景，努力勾勒我国网络强国、数字中国、智慧社会建设的壮丽画卷。

本书从 2020 年 3 月起笔，于 2021 年 4 月成稿，历时一年有余，其背后是几位作者在信息通信领域最前沿跟踪报道近 20 年的沉淀积累、在信息通信科研第一线奋战十余载的亲身感悟。回首创作本书的日日夜夜，难忘几番查阅资料、多方请教专家后确认一个细节的兴奋，难忘节假日期间放弃窗外繁华闭门思考的孤寂，难忘新冠肺炎疫情阻击战中信息通信技术大放异彩带来的自豪，难忘目睹信息通信行业奋斗者坚守梦想砥砺前行时的感动……虽然创作时肩负责任、满怀激情、字斟句酌，但鉴于视野、水平所限，难免有疏漏和不当之处，还请各位读者拨冗指出。

在此，特别感谢中国工程院倪光南院士对本书的悉心指导、人民邮电出版社张立科总编辑的精心策划，感谢工业和信息化部新闻宣传中心（人民邮电报社）王保平总编辑等各位领导以及黄舍予、林婧、钟凌江、赵媛、郭庆婧、杨玲玲、姚春鸽等同事们的专业指导和无私帮助，感谢周圣君、陈珊、李瑞伟、蒋水林、彭薇、黄粟、管文菁、郑智军等信息通信一线朋友们的大力支持，感谢北京邮电大学相关老师和同学以及其他对本书给予大力支持和关心关注的朋友们。

功成不必在我，功成必定有我。向所有为网络强国、科技强国建设做出不懈努力的人致敬！

邵素宏　武聪　黄小红

体验本书配套AR内容
请扫描二维码下载App
注册登录后请输入
本书代码: zlww2021

AR使用说明

为帮助读者进一步了解信息技术的相关知识，本书还提供了 AR 应用，该应用支持交互操作。读者可扫描左侧的二维码，下载、安装 App，注册登录后，点击"添加 AR 图书"，输入图书代码"zlww2021"，即可体验。

目 录

第一篇

科技复兴　信息领航

第二篇

创新驱动　智慧赋能

第三篇

数字中国　无远弗届

第一篇
科技复兴　信息领航

　　天地悠悠，江河奔流。在人类历史发展的长河中，科学技术的每一次进步都给人类文明带来了全方位的深刻变革。其中，信息通信和网络技术因其渗透性、辐射性、带动性、共享性、全局性的应用特点，对人类社会产生了前所未有的重大影响，其范围之广、程度之深、力度之大，在诸多科技成果之中极为突出。

　　令人备感振奋的是，曾经错失数次科技进步机遇的中国，紧紧抓住了信息通信和网络技术的发展先机，突破重重设障的技术封锁，凝心聚力、奋进创新，以"中国创新""中国模式""中国速度"进入了世界信息通信领域的第一方阵，为建设世界科技强国、实现中华民族伟大复兴的中国梦插上了翱翔寰宇的信息之翼。

一、信息革命开启人类文明发展新篇章

回望过往，人类几百万年的发展史中，仅有近 300 年真正实现了经济的增长、生活的改善和社会的发展。推动人类社会走向这一正向变化的，正是前三次工业革命（见图 1-1）。

图 1-1　工业革命的发展历程

18 世纪 60 年代，第一次工业革命爆发，人类进入"蒸汽时代"，以机械化代替手工劳动的开创性变革，推动人类由农耕文明走向工业文明，这堪称人类发展史上的伟大奇迹。

19 世纪中期，第二次工业革命启动，人类迎来"电气时代"，科学技术得到前所未有的迅猛发展。

20 世纪中期，以信息通信和网络技术、新能源技术、新材料技术等为代表的第三次工业革命席卷全球，人类迈入崭新的"信息时代"。

如鸿蒙初辟，若凌云破晓。正是这次以信息领航的技术革命，开辟了超出人们想象边界的崭新世界，开启了人类文明发展的新篇章，并引领人类社会迈向以智能化为代表的第四次工业革命。

可以说，信息通信和网络技术的快速发展及广泛应用，给人类的生产生活甚至思维方式带来的改变前所未有，给生产力和生产关系带来的变革前所未有，给国家治理方式和社会运行方式带来的影响前所未有，给世界政治经济格局带来的深刻调整也前所未有。

（一）信息通信技术无处不在

从人类诞生的那一刻起，通信就是生存的基本需求之一。新生的婴儿通过哭声向自己的母亲传递饥饿的信息，索取母乳和关爱。参与围猎的部落成员通过呼吼声召唤同伴，获取支援和协助。可以看出，通信的本质就是传递信息，并通过对信息的辨别和处理实现某种目标。

对人类而言，从生命个体、家庭聚居，到氏族联盟、部落群体、国家地区，随着社会组织结构的变化和日趋复杂，通信的作用也越来越强大。亲人之间的思念关怀、组织之间的经济往来、国家之间的合纵连横，都离不开通信。通信的手段，也由面对面交谈这种近距离方式，逐渐发展出烽火、旗语、击鼓、鸣金等远距离方式。

以上这些方式主要是通过视觉或者听觉来实现通信，要求通信双方之间是可视的，或者相互之间是可以听见的。这就极大地限制了通信的距离和范围。当然，通过驿站或用信鸽等方式送信，可以在一定程度上扩大通信范围、拉长通信距离，但却带来了时效性差的新问题，无法在很短的时间内将信息送达。

到了 19 世纪，人类的通信方式迎来了重大变革。随着第二次工业革命的浪潮，人类进入了电气时代，电磁理论的发现及完善为现代通信技术的发展奠定了基础。

1839 年，全球首条真正投入运营的电报线路在英国出现。这条线路长约 20 千米，所使用的电报机由查尔斯·惠斯通和威廉·库克发明。

时隔不久，1840 年，美国人塞缪尔·莫尔斯研制出了可用于实际通信的、具有商业价值的电报机。此前，他还发明了一套将字母、数字进行编码以便传送信息的方法，也就是莫尔斯电码。

1876 年，亚历山大·格雷厄姆·贝尔申请了世界上第一台实用电话机的专利，随后创建了美国贝尔电话公司（即 AT&T 公司的前身），贝尔也被尊称为"电话之父"。图 1-2 为贝尔正在试用电话。

1897 年，意大利无线电工程师伽利尔摩·马可尼在伦敦成立了马可尼无线电报公司。1899 年，马可尼

图 1-2 贝尔正在试用电话

发送的无线电信号穿越了英吉利海峡，1901 年又成功穿越大西洋，从伦敦传到纽芬兰。1909 年，在无线通信领域取得的巨大成就让马可尼与布劳恩共同获得了诺贝尔物理学奖，马可尼由此享有"无线电之父"的美誉。

从此，人类开启了用电磁波进行通信的近现代通信时代，通信的距离限制被不断突破。与此同时，长距离通信的时延也在不断减小。

虽然通信技术在迅速发展和普及，但当时的人们还面临一个很重要的理论上的瓶颈问题，那就是——

究竟什么是信息？
信息到底该如何量化？

在大部分人看来，信息是一个非常普通的概念，我们每天无时无刻不在传递着信息，但正因为它非常普通，所以解释起来非常困难。《现代汉语词典》（第 7 版）中，"信息"的第二项解释是这样的："信息论中指用符号传送的报道，报道的内容是接收符号者预先不知道的。"这显然非常抽象，虽然信息无处不在，但看上去难以量化。可是，如果不能量化，我们设计信息系统或通信系统时就无从下手。

1948 年，是人类信息通信发展史上值得被铭记的关键之年。信息论的鼻祖——克劳德·香农（见图 1-3）发表了一篇影响极为深远的论文——《通信的数学理论》。在这篇论文中，香农提出，信息和长度、质量这些物理量一样，是可以测量的。他还发明了一个全新的单词——bit（比特），作为衡

图 1-3 克劳德·香农

量信息量的单位。如今，这个单位已是众所周知，而且这个无影无形的神奇"比特"推动着人类跨入了数字化的全新信息时代。

此外，香农将热力学中"熵"的概念引入信息论，用以定量地衡量信息的大小。香农认为，人们获得的任何信息都存在一定的冗余，去掉这些冗余之后的平均信息量，就是信息熵。简单来说，随机事件发生的概率越小，一旦该事件发生，它提供的信息量就越大。除了信息熵外，香农还给出了伟大的香农定理，明确指出了影响信道容量的相关条件（即以下的香农公式）：

$$C = W \log_2 \left(1 + \frac{S}{N} \right)$$

其中，C代表信道容量；W代表信道的带宽；S/N代表信号的平均功率和噪声的平均功率之比，即信噪比。

香农的一系列贡献为信息通信技术的高速发展奠定了理论基础，也指明了进阶方向。70多年来，信息通信工程师们一直都在香农公式的指引下，试图突破通信系统的极限。

什么是通信系统呢？简单来说，任何通信过程都可以看成一个通信系统（见图1-4）作用的结果。无论什么样的通信系统都包括3个要素：信源、信道和信宿。其中，信源是发出信息的一方，信道是传递信息的通道，信宿则是接收信息的一方。根据信息传递的需要，通信系统可以增加很多功能。信息通信技术的发展过程，就是研究如何在更短的时间内、在更长的距离上、在更广的范围内、在更安全的环境里传输更大的信息量的过程。为了达到这个目的，信源需要不断升级自己的发送设备，信宿需要不断升级自己的接收设备，而信道的介质也需要不断进行升级。加密解密、编码解码、调制解调，同样如此。

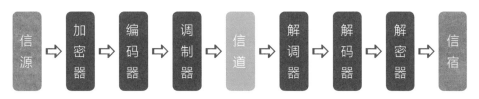

图 1-4　基本的通信系统

　　正是在这个不断"升级打怪"的过程中，涉及云、管、端的信息通信技术不断升级换代，互联网、5G、F5G（the Fifth Generation Fixed Network，第五代固定网络）、物联网、云计算、大数据、人工智能、边缘计算、区块链、工业互联网、超级计算、量子通信等我们今天耳熟能详的信息通信技术和应用相继出现，给人类社会带来了翻天覆地的变化。

　　简单来说，在信道升级的过程中，为了以更低的成本获得更高的带宽，科学家先后发明了铜缆和光纤；为了摆脱线缆的束缚，移动通信、卫星通信、Wi-Fi、蓝牙等无线传输技术群星闪耀，其中仅移动通信就历经从 1G 到 5G 的更迭，目前已经启动对 6G 的研究；为了实现多个计算终端之间的多点网络化通信，TCP/IP（Transmission Control Protocol/Internet Protocol，传输控制协议 / 互联网协议）横空出世，互联网逐渐成为人类社会发展的"最大变量"。

　　在信源发送设备和信宿接收设备的升级过程中，各种信息终端不断发展，手机越来越智能，计算机越来越高能，甚至洗衣机、电冰箱、空调等都被赋予了"智能"，而以电子计算机为代表的智能终端的小型化、高效能发展需要，则催生了全新的集成电路产业，为信息社会的发展奠定了基础。

　　同时，随着人们交互的信息越来越多、越来越复杂，数据逐渐积累并蕴藏了宝贵的价值，大数据衍生为一门专业学科。为了更高效地存储、计算这些海量数据，数据中心开始广泛建设，云存储、云计算得到大力发展。

但人类还不仅仅满足于人与人的通信，人与物、物与物的通信快速发展，万物互联渐成大势，物联网、工业互联网等新技术蓬勃涌现，人工智能技术日臻成熟。

⋯⋯⋯⋯⋯

20 世纪 60 年代以来，仅仅用了几十年的时间，信息通信技术和应用就已经渗透到我们生活的方方面面以及社会发展的各个角落，几乎无处不在、无所不能。

（二）信息力是最先进的生产力

当人类推开信息时代的大门，一个崭新的世界扑面而来——以互联网为代表的信息通信和网络技术推动社会生产力发生了质的飞跃，信息力成为最先进生产力的代表，并被视为继政治实力、经济实力、军事实力之后，衡量一个国家综合国力的关键指标，在政治、经济、文化、社会、军事、外交等领域产生深刻而重大的影响，甚至重塑了世界竞争格局、改变了国家力量对比。

在政治领域，信息通信技术特别是互联网改变了原有的政治秩序和政治生态，便利的信息沟通和发布手段缩小了"政治鸿沟"，由精英阶层掌控的政治资源和话语权开始"平民化"，网络舆论对政府决策的影响日益加大，网络空间也成为可能激发政治冲突甚至引发政治革命的政治空间。同时，信息化手段有力推进了政府决策的科学化、社会治理的精准化和公共服务的高效化，全球诸多国家通过信息通信技术的应用，促进政务公开、降低运作成本、提高工作效率、加强权力监督。

在经济领域，一方面，信息通信技术催生了全新的数字经济。作为发展最快、创新最活跃、辐射最广的经济活动，数字经济已经成为全球主要国家实现创新发展的重要抓手。不同于工业经济，数字经济是数字化驱动的经济形态，它以数字化的知识和信息作为关键生产要素，以现代信息网络作为重要载体，以信息通信技术的有效使用作为效率提升和经济结构优化的重要推动力。另一方面，数字经济迅速向经济社会各领域、各环节渗透，互联网、大数据、人工智能等先进技术与传统产业的"跨界融合"，在优化资源配置、调整产业结构、实现转型升级等方面产生了积极的带动、倍增效应。近年来，全球经济数字化发展趋势愈加明显，数字经济规模持续扩大。中国信息通信研究院的研究数据显示，2019 年，全球 47 个经济体数字经济规模达到 31.8 万亿美元，较 2018 年增长 1.6 万亿美元，而同期 GDP（Gross Domestic Product，国内生产总值）仅增长了 1.2 万亿美元，其中，发达国家的数字经济规模是发展中国家的 2.8 倍。

在文化领域，信息通信技术的应用，特别是互联网的发展，大幅降低了知识传播的成本，加快了知识传播的速度，方便人们获取海量信息、学习前沿知识，对提升文化素养发挥了积极作用。以平等、创新、共享、自由为主要特点的网络文化深刻改变着人们的生活、生产、思维等方式，由此衍生出共享文化、草根文化、宅文化、二次元文化等多样化的文化，同时帮助人们突破地域限制，实现不同国家和地区、不同民族的文化交流、交融。但同时，网络出现的暴、黄、赌、毒、骗等现象也给人类文明带来了不利的影响，互联网日益成为意识形态斗争的新平台。

同样，在社会领域、军事领域、外交领域……世界进入了以信息产业为主导的全新发展时期，网络、数据、信息成为新的生产要素，信息力成为推动人类文明和社会发展的强劲动力。

（三）信息安全事关国家安全

古语有云：欲思其利，必虑其害；欲思其成，必虑其败。

世间万物都有两面性，在信息力强势推动人类文明进步的同时，其蕴藏的破坏力也相当惊人。以太网的发明人罗伯特·梅特卡夫认为，网络价值随网络用户数量的增长而呈几何级数增长。当以互联网为代表的信息通信技术和应用深入社会发展的各个领域，成为承载全社会信息传播、管理运行和公共服务的战略基础设施时，随之而来的网络与信息安全问题也愈加凸显，并逐渐跃升为关系国家安全、国家主权的战略问题。

2016 年 2 月，孟加拉国中央银行遭黑客攻击，导致 8100 万美元被窃取，成为迄今为止规模最大的网络金融盗窃案。

2017 年 5 月，全球范围内爆发了针对 Windows 操作系统的勒索软件（WannaCry）感染事件，导致全球 100 多个国家和地区的数十万用户中招，我国的医疗、电力、能源、银行、交通等多个行业均遭受了不同程度的影响。

2018 年 1 月，荷兰三大金融机构（荷兰国际集团、荷兰银行、荷兰农业合作银行）同时遭遇 DDoS（Distributed Denial of Service，分布式拒绝服务）攻击，造成互联网银行服务集体瘫痪。

2019 年 3 月，委内瑞拉包括首都加拉加斯在内的多个城市陷入一片漆黑，停电波及全国 23 个州中的 21 个，据当地媒体报道，直接原因是该国电力系统遭到大规模网络攻击。

2020 年 12 月，攻击者渗透进入 SolarWinds 供应链，攻击了包括美国财政部、五角大楼、白宫等在内的几乎所有关键部门，包括电力、石油、制造业等十多个关键基础设施，思科、微软、英特尔、VMware、英伟达等科技巨头和多家世界 500 强企业中招。

....

连续不断的重大安全事件显示，网络和信息安全已经关系到每一个互联网用户的利益。DDoS 攻击、木马植入、僵尸网络、恶意程序、网页仿冒、信息诈骗……为实现某种经济或其他目的，网络和信息安全漏洞的发掘和利用已经形成了大规模的全球性黑色产业链。我国国家互联网应急中心发布的报告显示，2020 年上半年，我国捕获计算机恶意程序样本数量约 1815 万个，日均传播次数达 483 万余次，涉及计算机恶意程序家族 1.1 万余个。同时，位于境外的约 2.5 万个计算机恶意程序控制服务器控制了我国境内约 303 万台主机[①]。此外，根据抽样监测数据，境外累计约 1200 个 IPv6 地址的计算机恶意程序控制服务器控制了我国境内累计约 1.5 万台 IPv6 地址主机。

随着信息通信技术的发展，云计算、大数据、物联网、工业互联网、人工智能等新技术开始大规模应用，物理世界和虚拟世界的边界日益模糊，线上线下共荣共生。无论是外部攻击，还是内部失误，无论是技术漏洞，还是管理缺陷，一旦发生重大网络和信息安全事故，就会对经济、政治、社会等领域产生广泛的影响，造成重大财产损失，威胁生命安全，甚至改变政治格局。

信息时代，信息沟通无国界，网络空间有硝烟。网络和信息安全问题牵一发而动全身，并向政治、经济、文化、社会、生态、国防等领域传导渗透。网络空间已成为陆、海、空、天之外的第五空间，全球主要国家纷纷建立专门机构并立法捍卫网络空间控制权，保护网络基础设施和国家关键数据资源的安全成为维护国家安全的首要任务之一。

---

① 如无特殊说明，本书中所列的中国统计数据未含港澳台地区的数据。

二、中国力量在新时代崛起

信息通信和网络技术是深入渗透经济、社会、生活各领域的先导性技术，掌握其核心科技及应用主导权，对于一个国家立于世界科技创新潮头、赢得发展主动权具有极其重要的意义！中国，能抓住这次赶超跨越的历史机遇吗？

（一）信息时代的中国声音

16 世纪以来，人类社会进入前所未有的创新活跃期，这一时期的科学技术创新成果远超过去几千年的总和。特别是 18 世纪以来，几次重大科技革命深刻改变了世界发展的面貌和格局，一些国家抓住机遇，乘势而上，经济实力、科技实力、军事实力迅速增强，甚至一跃成为世界强国；而旧中国则因为错失数次科技革命机遇，陷入积贫积弱、被列强欺辱的艰难境地。

科技兴则民族兴，科技强则国家强。2013 年，在中共中央政治局第九次集体学习中，习近平总书记强调，"我们必须增强忧患意识，紧紧抓住和用好新一轮科技革命和产业变革的机遇，不能等待、不能观望、不能懈怠"。面对信息化、网络化全球浪潮，我国紧紧把握信息技术革命的机遇，排除万难、合力攻坚，在信息网络前沿技术这一全球科技创新高地实现了重大突破，在信息通信的多个领域成功地从跟跑者、并跑者成长为领跑者，成为新时代具有全球话语权的网络大国、数字大国。

工业和信息化部（以下简称工信部）统计数据显示，"十三五"期间，我国信息传输、软件和信息技术服务业的增加值有明显提升，由约 1.8 万亿元增加到 3.8 万亿元，占 GDP 的比重由 2.5% 提升到 3.7%。如今，网上购物、手机点餐、云上签约、直播上课、远程医疗……纵览神州大地，数以亿计的中国人正依托宽带网络学习、工作、生活，享受着比肩全球先进水平的美好信息生活，甚至在与世隔绝的大山深处，人们也共享到了信息时代的数字红利。

高速的网络、便捷的服务、低廉的价格、丰富的应用……其背后是我国科技实力在信息通信领域的全方位"硬核"崛起。

——建成全球一流的信息通信基础设施。

从祖国最北端的城市漠河到最南端的城市三沙、从西部戈壁滩到海拔高地珠穆朗玛峰，我国已建成了包括光纤通信、卫星通信、移动通信等多种通信方式在内的沟通城乡、覆盖全国、通达世界的公用通信网，建成了全球最大的光纤网络和全球最大的移动通信网络，优质的网络信号覆盖神州大地。

截至 2020 年年底，我国光缆线路长达 5169 万千米，可以绕地球赤道约 1300 圈，长度为全球第一。互联网宽带接入端口数量达 9.46 亿个，国际互联网出入口带宽超过 6.5 Tbit/s（太比特 / 秒）。全国移动通信基站约 931 万个，数量全球第一；其中仅 4G 基站就达 575 万个，约占全球 4G 基站总数的 2/3；5G 基站超过 71 万个，约占全球 5G 基站总数的 70%。国家顶级域名 ".cn"超 2300 万个，数量居全球第一；IPv6 地址数达 57 634 块 /32，位居全球前列。

——信息通信关键核心技术取得重大突破。

信息通信和网络技术是全球研发投入最集中、创新最活跃、应用最广泛、辐射带动作用最大的技术创新领域，是全球科技创新的竞争高地。我国在光纤通信、移动通信、互联网、高性能计算等信息通信领域的核心技术创新取得积极突破。

在光纤通信领域，我国打破了技术封锁，实现了尖端技术自有知识产权，形成了棒、纤、缆完整产业链，打造了光纤光缆及相关材料设备的全品种产品制造体系。

在移动通信领域，历经 1G 空白、2G 跟随、3G 突破、4G 同步，我国终于在 5G 时代登上了全球信息通信高科技的创新制高点。我国力推的中频段 5G 产业逐渐成为国际主流，特别是中频段 5G 系统设备、终端芯片、智能手机位居全球产业第一梯队，我国企业申请的 5G SEP（Standards-Essential Patents，标准必要专利）件数位居全球第一。我国仅用一年时间就建成了全球规模最大的 5G 网络，面向千行百业的 5G 应用全面开花。

——网络用户规模一骑绝尘，普及率持续提升。

新中国成立初期，我国通信基础设施极端落后，全国电话用户总数仅有 21.8 万户，电话普及率仅为 0.05 部 / 百人。到 1978 年，全国电话用户总数增至 193 万户，电话普及率为 0.4 部 / 百人。

改革开放后，随着经济社会的发展，人民的通信需求与日俱增，我国不断改革行业管理体制，引入市场竞争机制，推动通信业高速发展，全国网络用户规模快速提升，电信业务总量高速增长。

2010—2020 年我国的固定电话普及率和移动电话普及率见图 1-5。到 2020 年年底，全国电话用户规模达 17.76 亿户，居世界第一。其中，固定电话用户数为 1.8 亿户，约为 1949 年的 836 倍，普及率为 113.9 部 / 百人；移动电话用户数为 15.94 亿户，是 1988 年的 53 万倍。4G 用户总数达到 12.89 亿户，2020 年全年净增 679 万户，占移动电话用户总数的 80.8%。固定互联网宽带接入用户总数达 4.84 亿户，其中 100 Mbit/s（兆比特 / 秒）及以上接入速率用户总数达 4.35 亿户，占固定宽带用户总数的 89.9%。

目前，我国成为全球头号光纤通信大国、移动通信大国和互联网大国，固定宽带用户数、百兆固定宽带用户数以及移动电话用户数、移动宽带用户数均位居世界第一。

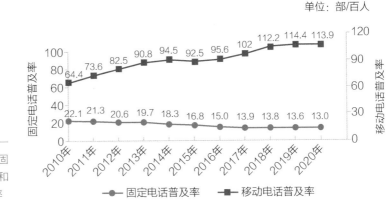

图 1-5 2010—2020 年我国的固定电话普及率和移动电话普及率

——数字经济规模全球领先，创新活跃度空前。

中国互联网大国的地位一直坚如磐石。CNNIC（China Internet Network Information Center，中国互联网络信息中心）发布的报告显示，截至 2020 年 12 月，我国网民规模已近 10 亿，占全球网民总数的 1/5，互联网普及率已达 70.4%，高于全球平均水平。其中，网民中使用手机上网的比例高达 99.7%，2020 年移动互联网接入流量消费达 1656 亿吉字节。

全球最多的网民、最活跃的互联网创新，让中国数字经济走上了强劲发展的快车道。《中国数字经济发展白皮书（2020 年）》显示，2019 年，我国数字经济增加值规模达到 35.8 万亿元，占 GDP 比重达到 36.2%，对经济增长的贡献率达 67.7%。目前，我国互联网与实体经济深度融合，网络零售、在线教育、在线政务、网络支付、网络视频、网络购物、即时通信、网络音乐、搜索引擎等应用的用户规模增长迅速，智慧医疗、智慧康养、智慧交通、智慧文旅、智能空管、普惠金融等数字应用新模式蓬勃发展，其中网络零售规模连续八年全球第一，数字货币试点进程和在线服务水平全球领先。2011—2019 年我国网络零售额及增速见图 1-6。

图 1-6　2011—2019 年我国网络零售额及增速

——产生了一批世界级通信和互联网企业。

2019 年进行的第四次全国经济普查显示，截至 2018 年年底，我国共有信息传输、软件和信息技术服务业企业法人单位 91.3 万个，其中电信、广播电视和卫星传输服务企业 2.5 万个，互联网和相关服务企业 12 万个，软件和信息技术服务业企业 76.8 万个。这些企业中，产生了一批世界级通信和互联网企业：中国电信、中国移动、中国联通三大基础电信企业均位列全球 500 强；华为稳坐全球通信设备制造业头把交椅，中兴位居全球第四位；我国占据全球十大光纤光缆企业的半壁江山，光纤光缆出货量占全球出货总量的一半；全球前十大智能手机厂商中，中国品牌华为、小米、OPPO、vivo、联想占据五席；（2019 年）全球互联网上市公司前 30 强中，腾讯、阿里巴巴、百度、网易、美团、京东等企业占据榜单的 1/3。

——宽带网络覆盖全国99%行政村，创造世界奇迹。

2020 年，我国脱贫攻坚战取得了全面胜利，现行标准下 9899 万农村贫困人口全部脱贫，832 个贫困县全部摘帽，12.8 万个贫困村全部出列，完成了消除绝对贫困的艰巨任务，创造了又一个彪炳史册的人间奇迹。这是前所未有的壮举，也是对人类减贫事业的杰出贡献。"中国式扶贫"的优秀经验值得全世界关注，其中最具代表性的举措之一就是网络扶贫。

2015 年以来，我国开展了六批电信普遍服务试点工程，上百万通信人日夜奋战啃下"网络扶贫"的"硬骨头"，创造了全球瞩目的时代壮举——全国行政村通光纤和通 4G 网络比例均超过 99%，基本实现农村、城市"同网同速"，提前超额完成《"十三五"脱贫攻坚规划》提出的"宽带网络覆盖 90% 以上的贫困村"的目标（2015—2020 年我国农村宽带接入用户数和用户占比见图 1-7）。曾经与世隔绝的大山深处建起了比肩城市的信息高速路，信息通信发展成果造福了广大农村和亿万农民。

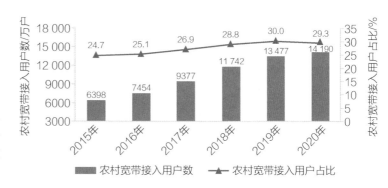

图 1-7 2015—2020 年我国农村宽带接入用户数和用户占比

让宽带网络在贫困地区四通八达，让更多困难群众用上互联网，让农产品通过互联网走出农村，让山沟里的孩子也能接受优质教育……"数字鸿沟"这一世界性难题在我国正被逐步解决，曾经的梦想接入了现实。可以说，我国农村的宽带网络建设和普及工作已成为全球标杆。

——网络空间国际影响力显著提升。

我国在信息通信技术、标准、运营、制造、应用等领域的全面崛起，显著提升了我国在网络空间的国际影响力。工信部的最新数据显示，"十三五"期末，我国工业通信业领域国际标准一致性程度达到 79.25%，其中网络通信的标准水平已处于世界领先地位。

在 5G R16 标准化进程中，我国企业的贡献突出，仅三大电信运营企业的贡献就占全球运营商整体贡献的四成。我国信息通信产品走出国门，在全球通信业中打响了"中国制造"的品牌。华为给全球运营商 50 强中的 45 家提供服务，其产品和解决方案应用于全球 170 多个国家和地区，惠及全球 1/3 的人口；中兴为全球 160 多个国家和地区的电信运营企业及企业网客户提供创新技术与产品解决方案；我国是全球最大的光纤光缆出口国，系列产品在国际市场具有强劲的竞争力；我国互联网企业的创新业务和商用模式"漂洋过海"，在国外引发模仿、复制……同时，信息通信领域的国际组织中，中国面孔越来越多。2014 年 10 月 23 日，我国推荐的赵厚麟高票当选国际电信联盟秘书长，成为国际电信联盟 150 年历史上的首位中国籍秘书长，这也是第三位担任联合国专门机构主要负责人的中国人。2018 年 11 月 1 日，赵厚麟获得 178 个参与投票的成员国的 176 票，以国际电信联盟 150 多年历史上秘书长选举的最高票数成功连任下一任秘书长。

（二）崛起的背后

从以美国和西欧国家为首成立的巴黎统筹委员会，到以西方国家为首的

33 个国家签署的《瓦森纳协定》，再到特朗普政府对中兴、华为等中国企业的全面打压……新中国成立至今，西方国家对中国的技术封锁、遏制和围堵几乎从未停止过，特别是在代表新技术方向的信息通信领域。

愈打压愈奋起，愈封锁愈强大。勇往直前，百折不挠，历经几十年的艰辛逆袭路，今天，中国力量在信息通信领域强势崛起，让我国在新时代的全球科技实力比拼中赢得了关键的一局，而这背后的深刻原因值得我们深思。

——坚持中国共产党的领导，走适合中国国情的科技创新路。

历届党和国家领导人都非常重视信息通信技术及产业的发展，特别是党的十八大以来，习近平总书记多次就网络强国建设作出指示批示，他强调"信息化为中华民族带来了千载难逢的机遇。我们必须敏锐抓住信息化发展的历史机遇""网信事业代表着新的生产力和新的发展方向""没有网络安全就没有国家安全，没有信息化就没有现代化""要紧紧牵住核心技术自主创新这个'牛鼻子'，抓紧突破网络发展的前沿技术和具有国际竞争力的关键核心技术，加快推进国产自主可控替代计划，构建安全可控的信息技术体系"……

我国以全球视野和战略眼光，全面开启了建设网络强国的伟大征程。2013 年 8 月，我国出台《"宽带中国"战略及实施方案》，将宽带网络作为国家战略性公共基础设施，加强顶层设计和规划引导，统筹关键核心技术研发、标准制定、信息安全和应急通信保障体系建设，促进网络建设、应用普及、服务创新和产业支撑的协同，综合利用有线技术、无线技术推动电信网、广播电视网和互联网融合发展，加快构建宽带、融合、安全、泛在的下一代国家信息基础设施，全面支撑经济发展和服务社会民生。随后，一系列顶层设计规划陆续出台，谋划了我国信息通信业创新发展的路线图。

——发挥"集中力量办大事"的社会主义制度优势，重点解决关键问题、复杂问题、难点问题。

纵观全球科技发展史，一个国家技术走向的选择，从来不完全取决于技术本身的先进性，其背后是知识产权的争夺、产业发展的较量、市场格局的整合，甚至国家战略权益的考量。

从移动通信跨越式的发展历程来看，我国主导的 4G TD-LTE（Time Division-Long Term Evolution，时分-长期演进）技术如果没有从中央到地方的协力推进，没有政产学研用各环节资源的统筹调度，就不可能在各种力量的围追堵截中，从标准化一步步成功走向产业化、商业化。

同样，农村通信覆盖一直是许多国家面临的共同难题，因为农村地区大多地处偏远，经济基础较弱，地理环境复杂，人口居住分散，网络建设投入大，而且运行维护成本高，企业直接投资收益很低。我国面向全国 13 万个行政村的宽带网络扶贫工程，如果没有中央的统筹部署、通信央企的集中推进、百万通信人的奋力拼搏，也只能是空中楼阁，覆盖率 99% 的奇迹更是无从谈起。

——准确把握技术趋势，坚持超前布局、系统谋划。

现代科技发展日新月异，一旦技术路径判断失误，损失的将不仅仅是巨额的经济投入，甚至可能是几代人的潜心付出。

改革开放以来，我国准确把握住了信息通信技术发展的几个关键节点，一步到位上程控，弃铜线上光纤，2G 时代优选 GSM（Global System of Mobile Communications，全球移动通信系统），4G 时代放弃 WiMAX（World Interoperability for Microwave Access，全球微波接入互操作性）路线……始终站在最新技术应用前沿，实现了历史性跨越，取得了举世瞩目的成绩。

——深化体制机制改革，激发市场经济活力。

改革开放以来，我国信息通信业解放思想、转变观念，在发展中改革、在改革中发展，成为关系国计民生的行业中机制体制改革最为彻底、突破最有成效的行业之一。

1993 年，邮电部（1998 年并入信息产业部，2008 年信息产业部的职责整合划入工信部）放开增值电信业务市场。1994 年中国联通成立，我国第一次在基础电信领域引入了市场竞争机制。1997 年，邮电部把广东、浙江两省的移动业务注入中国电信（香港）有限公司，率先在香港上市，开创了我国大型央企境外上市的先河，使开放的中国通信行业直面世界电信市场，与国际一流的同行面对面地交流、竞争。此后，中国联通、中国电信先后登陆海外资本市场。通过上市，三家基础电信企业拓展了国际视野，创新了经营理念，对标国际领先的电信运营企业，引入先进的管理经验，建立了与国际接轨的现代企业制度，极大地激发了活力和竞争力，以全新的面貌先后跻身世界 500 强。1998 年，新组建的信息产业部按照国务院要求，实施政企分开、邮电分营、电信重组。经过对中国电信两次大刀阔斧的改革重组，到 2001 年，我国电信市场形成了固定网络、移动网络均有巨头竞争的新格局。

2008 年，工信部成立，第三轮电信重组启动，"六合三"后形成中国电信、中国移动、中国联通三家势均力敌的全业务运营商。2014 年，中国铁塔成立；2018 年，民间资本正式进入移动通信转售领域；2019 年，中国广播电视网络有限公司获得 5G 运营牌照，成为第四大基础电信企业。在机制改革的过程中，中国通信业由原来的政企合一到政企分开，走向市场，打破垄断，引入竞争，率先上市融资……行业整体降低了运行成本，提高了运行效率，使信息通信基础设施从极端落后发展为在全球领先一步，对中国建成全球最繁荣的信息通信市场功不可没。

——坚持以人民为中心，发扬艰苦奋斗勇于担当的行业精神。

"让老百姓过上好日子是我们一切工作的出发点和落脚点。"正如习近平总书记所言，信息通信业始终坚持以人民为中心的发展思想，艰苦奋斗、开拓创新，积极满足人民群众对美好信息生活的向往。几十年来，网络覆盖越来越广，业务内容不断丰富，服务水平大幅提升，资费价格持续下降，这些都为经济社会发展和百姓生活改善做出了巨大贡献。

我国信息通信业的持续快速发展，与全国百万信息通信员工的辛勤付出密不可分。每一次技术革新和创新跨越，都凝聚着广大通信人的智慧和汗水，每一次重大活动和抢险救援，都离不开广大通信人的奉献和担当。当大多数人从灾区紧急向外撤退的时候，通信人却背起行囊、扛起设备，头也不回、汗也不擦，义无反顾地奔向最危险的地方。因为，通信就是生命线，有信号就有希望。地震来临，是他们冒着余震的危险，攀险峰钻废墟，以最快的速度打通"信息孤岛"；洪水突袭，是他们驾车冲过即将被淹没的大桥（见图1-8），架起抢险救援的通信生命线；抗疫现场，是他们扛起设备逆行进入"红区"，架专网建基站，为医护人员和患者建起沟通诊疗的信息平台……

图 1-8　通信抢险车冲过即将被淹没的大桥

无论什么时候，艰苦奋斗、勇于担当的精神都是信息通信行业阔步前行的法宝。

　　——发挥企业创新主体的作用，注重应用引导，积极营造良好生态环境。

　　创新是引领发展的第一动力，而创新的主体是企业。企业是科技和经济紧密结合的重要力量，不仅是技术创新决策、研发投入的主体，也是科研组织、成果转化的主体。在信息通信领域的发展中，我国在发挥好政府指导作用的同时，十分注重充分发挥市场竞争和企业的作用，鼓励促进各种所有制企业公平参与市场竞争，并通过机制体制改革激发市场活力。

　　同时，在重大科技创新中，注重以应用引导自主创新，积极搭建平台，营造行业良好生态。当今世界，科技领域的竞争已经不再是简单的技术竞争、产品竞争，而是全方位的产业链完整性、创新性、稳定性、可控性的竞争，唯有提升全链条、全生态的实力，才能在激烈的国际竞争中牢牢把握住主动权。我国在 3G、4G 的发展过程中，正是因为以应用主体中国移动带动民族标准、国产设备的应用，才推动了完整移动通信产业链的建立，为我国在 5G 时代争锋全球奠定了坚实的产业基础。

　　——坚持国际化的视野和开放包容合作共赢的理念。

　　全球化潮流不可阻挡，世界各国经济相互依存、彼此融合。我国信息通信业的发展一直秉承开放、包容、合作、共赢的理念，坚持引进消化吸收和自主创新相结合的发展路径。信息时代，全球信息产业发展已经形成了"你中有我、我中有你"的格局，各国企业通力合作才能互利共赢。一方面，我国积极将自有技术与国际主流技术相融合，以国际化的视野开展自主创新；另一方面，大力吸引国际主流企业加入中国信息通信业的发展大局。虽然多个国家对华为等我国企业的 5G 设备进行封锁，但是我国政府依然保持开放的胸怀，明确表示：一如既往地欢迎外资企业积极参与中国 5G 市场，共谋中国 5G 发展，分享中国 5G 发展成果。

三、共享信息技术发展红利

中国在信息通信领域的跨越式发展，不仅有力地增强了综合国力、振奋了民族精神，为 14 亿中国人带来了更加美好的信息生活，而且积极地影响着世界，为全球信息社会发展贡献了"中国智慧""中国力量"。

中国的信息通信产业拉动了全球信息通信产业的发展。作为全球信息通信产业的重要组成部分，中国信息通信产业的强劲发展势头带动了全球产业的正向、快速增长。在中国这样一个拥有 14 亿人口的大国，人民对信息通信产品的需求量惊人，全世界几乎没有哪个经济体可以供应如此庞大数量的产品，而中国信息通信产业通过自强自立基本满足了 14 亿人的基本通信需求，这是对世界发展做出的积极贡献。

中国的信息大市场滋养了一大批国际信息通信企业。电话用户、移动通信用户、光纤宽带用户、互联网用户……在多个领域位居世界第一的用户规模，支撑了中国在全球独一无二的巨大信息市场空间。然而中国并未独享市场红利，而是以国际视野、开放姿态，欢迎来自全球的信息通信企业在遵守中国法律法规的前提下，加入中国的发展进程。国外通信设备制造企业、终端企业、芯片企业等在中国获得了巨额收益，中国市场成为这些企业最重要的发展天地，来自中国的收益也成为其技术突破、创新发展的强有力支撑。可以说，中国巨大的市场规模、稳定的社会环境、丰富的人力资源，给全球信息通信产业投资者创造了丰富的发展机会，给全球信息通信产业创新者提供了广阔的创业平台。

中国的优质信息通信产品助力"数字鸿沟"在全球的缩小。在中国信息通信企业的驱动下，世界范围内的用户使用现代信息通信和网络技术的门槛大幅降低。随着中国的通信设备制造企业、终端制造企业、移动互联网企业的成长和崛起，全球信息通信设备、终端、应用市场更具活力、生态更加健康，"优质低价"的中国制造在保持产品高质量的同时，大幅拉低了信息通信产品的价格；"好用有趣"的中国创新模式、创新应用，给人们带来了充满魅力的信息生活新方式。这些不仅让中国人民受益，也让世界人民，特别是发展中国家的人民广为受益，让全球更多的人能够"用得上、用得起、用得好"信息通信产品，为全球数字鸿沟的缩小做出了积极贡献。与此同时，中国面向 10 余万个贫困乡村实施的"网络扶贫"工程，惠及数千万贫困人口，有力地承担了全球减贫责任，为全球减贫事业贡献了富有成效的"中国样本"。

中国的先进技术创新模式促进了世界信息通信文明的发展。科技没有边界。我国信息通信产业发展之初，从来自欧美日韩等国际社会的前沿理论、尖端技术、先进理念中受益良多。瞄准前沿，奋力追赶，如今中国在移动通信、光纤通信、互联网等领域的技术创新、应用创新以及商业模式创新也为世界信息通信文明的发展和人类社会的进步做出了巨大贡献，让全球特别是发展中国家的人民分享到了中国科技进步的红利。

在信息通信领域，中国离不开世界，世界也离不开中国！

筚路蓝缕，玉汝于成。自改革开放以来，我国信息通信业已经走过了 40 余年波澜壮阔的发展历程，通过以市场带动技术、以技术驱动产业、以产业反哺创新、以创新促进发展，走出了一条具有中国特色的科技创新路、产业腾飞路，不仅行业自身实现了华丽"蝶变"，从默默无闻的跟随者成长为全球信息通信领域的主导者，而且推动了国人视野、发展观念、产业实力、大众生活乃至整个社会运行方式的变革，发展成果惠及亿万百姓和各行各业。这其中，有多少故事值得书写，多少人物值得铭记，多少经验值得总结，多少精神值得传承！

第二篇
创新驱动　智慧赋能

核心技术是国之重器，关系国家之存亡、民族之盛衰，要不来，买不来，也讨不来，我们非走自主创新的道路不可。

在蓬勃发展、加速迭代的信息技术领域，中国起步晚、底子薄、基础差、受限多，但是凭借高瞻远瞩的顶层设计、政产学研用的高效联动、敢于担当的不懈创新，一代代科研工作者和基础设施建设者接续奋斗、百折不挠，开启了信息通信产业跨越式、指数式发展的科技创新模式，在移动通信、光纤通信、IP 技术、互联网、芯片等领域接连实现重大突破，并在某些前沿方向开始进入并行、领跑阶段。

敢拼搏不放弃，勇奋斗不退缩，一路向前，初心依旧。

一、5G 之巅

最快速度！最高海拔！

当 2020 珠峰高程测量登山队将鲜艳的五星红旗插上珠穆朗玛峰的峰顶时，通过 5G 网络高清直播见证这一历史时刻的所有人瞬间沸腾了！

2020 年 4 月 30 日 15 时 55 分，中国在世界通信史上再创奇迹。中国移动携手华为公司，在珠穆朗玛峰海拔 6500 米的前进营地建设开通了全球海拔最高的 5G 基站，人类首次将 5G 信号覆盖到了全球最高峰的峰顶！

此时，距离中国正式发放 5G 牌照刚刚过去 10 个月。从壮阔的海疆南沙到雄伟的珠穆朗玛，神州大地上正织就着一张规模庞大、质量领先的 5G 网络。

九层之台，起于累土；千里之行，始于足下。历经 1G 空白、2G 跟随、3G 突破、4G 同步，中国终于在 5G 时代登上了全球信息通信高科技的创新制高点。今日 5G 的高光时刻，源于昔日从 1G 到 4G 的俯身耕耘。科技创新没有坦途，只有不断地攀登，一旦选择，唯有坚守初心，风雨兼程。

创新不易，未来已来！面临百年未有之大变局，站在实现"两个一百年"奋斗目标的历史交汇点，中国 5G 闪亮登场，有速度更有高度，有规模更有质量！

中国 1G～5G 发展的历程（沙画）

（一）移动通信五级跳

从车马驿站、烽火狼烟、飞鸽传书、邮寄书信到电报、电话的兴起（举例见图 2-1），从"大哥大"的一机难求到功能手机的日益普及，再到智能手机的一统天下，每一次通信手段和装备的升级无不和人类的进步、文明的发展紧密相连，这不仅广泛地影响了我们的生活，而且深刻地改变了社会的运行方式和人类的思维模式。

图 2-1 古代到现代的通信方式举例

当下的信息时代，我们最常用的通信工具就是手机。出门可以不带钥匙、钱包，但绝对不可以不带手机。手机不是万能的，但在不少人看来，没有手机是万万不能的。"无网络不人生，无手机不生活"已经成为很多人日常生活的写照。

那么，手机是如何把"天涯"变"咫尺"的呢？人们常说的 1G 到 5G 又是什么意思呢？

我们使用的手机背后是移动通信系统在发挥作用，信息通过电磁波进行传递，其通信的原理见图 2-2。简单来说，移动通信系统主要由 3 个部分组成：移动台（如手机）、基站（天线，无线电信号的接收、发射设备及基站控制器等）、交换网络（移动交换机、跨地区的中继传送设备等）。

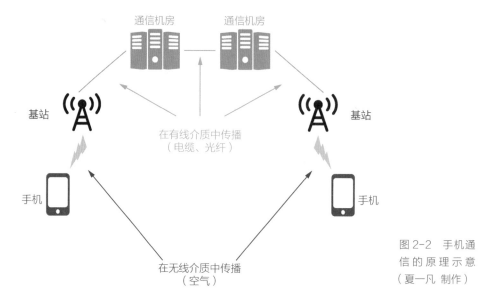

图 2-2 手机通信的原理示意（夏一凡 制作）

移动通信技术发展至今，一共经历了 5 代技术演进，分别称为 1G、2G、3G、4G、5G，见图 2-3。大道至简！如此简洁明晰的技术名词背后，其实充满了复杂的技术路线斗争和残酷的战略实力比拼。

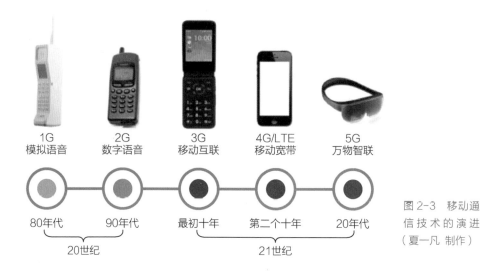

图 2-3 移动通信技术的演进（夏一凡 制作）

从有线到无线，1G时代技术空白

1G 一般工作于 450 MHz（兆赫兹）频段，采用模拟信号传输技术，即先对模拟信号进行采样、量化和编码后进行传输，待到达目的地时再将其恢复成模拟信号。1G 只能提供基本的语音通话业务，保密性比较差，不同标准的技术系统之间无法漫游，而且对频率的利用率较低，网络建设成本很高，难以大规模普及。

但是，1G 是划时代的技术，让人类从此摆脱了有线的束缚，一步跨入通信距离可以穿越整个地球的新时代。因此，1G 终端，也就是俗称的"大哥大"，虽然看上去黝黑、粗笨、像块砖头，动辄几万元一部，但一经上市就有很多人争相购买，并成为当时人们身份的象征、财富的彰显，堪称顶流"奢侈品"。

提到 1G，首先必须特别说明移动通信技术的两大鲜明特点：频谱是黄金命脉，标准是战略核心。

——频谱是黄金命脉。

以无线电方式传输信号的通信技术，包括移动通信、卫星通信、Wi-Fi、蓝牙、广播电视、无线对讲、雷达等，全部以无线电频谱资源为发展之根本。以上业务犹如不同型号的交通工具，在不同的"道路"（频段）上运输各自的乘客或货物（信息），各行其道、互不干扰，被分配的"道路"（频段）越宽，发展空间就越大。同时，所在"道路"（频段）的频率越低，传播损耗越小，覆盖距离越远，绕射能力也越强；所在"道路"（频段）的频率越高，传输速率越快，但是传播损耗越大、覆盖距离越近、绕射能力越弱。不同频率无线电波的用途见表 2-1。

表 2-1　不同频率无线电波的用途

频带名称	符号	频率范围	波段名称	波长范围	主要用途
甚低频	VLF	3～30 kHz	甚长波	100～10 km	海岸潜艇通信，远距离通信，超远距离导航
低频	LF	30～300 kHz	长波	10～1 km	越洋通信，中距离通信，地下岩层通信，远距离导航
中频	MF	0.3～3 MHz	中波	1000～100 m	船用通信，业余无线电通信，移动通信，中距离导航
高频	HF	3～30 MHz	短波	100～10 m	远距离短波通信，国际定点通信，移动通信
甚高频	VHF	30～300 MHz	米波	10～1 m	电离层散射通信，流星余迹通信，人造电离层通信，卫星、导弹、飞机通信，移动通信
特高频	UHF	0.3～3 GHz	分米波	10～1 dm	小容量微波中继通信，对流层散射通信，中容量微波通信，移动通信
超高频	SHF	3～30 GHz	厘米波	10～1 cm	大容量微波中继通信，移动通信，卫星通信，国际海事卫星通信
极高频	EHF	30～300 GHz	毫米波	10～1 mm	航天器再入大气层时的通信，波导通信，移动通信

注：kHz 即千赫兹；GHz 即吉赫兹。频率范围（波长范围亦类似）均含上限、不含下限，即含右不含左。

无线电频谱资源和土地、水源、矿藏等资源一样，是宝贵的国家资源。全球各国有关频率分配、使用的频谱资源争夺战从未停歇过。当下低频频谱资源十分紧张，高频频谱资源相对丰富，但频率越高，信息传输的技术实现难度越大，整个通信系统的建设成本也更高。

——标准是战略核心。

移动通信技术标准的重要性无须赘述。所谓标准，就是"游戏规则"。谁掌握标准，谁就拥有话语权。谁制定规则，谁就赢得先机，手握发令枪。因此，参与全球标准的制定成为信息通信业技术创新和战略博弈的制高点。

1G 时代，美国 AMPS（Advanced Mobile Phone System，高级移动电话系统）、英国 TACS（Total Access Communication System，全接入通信系统）标准占据主流，摩托罗拉、爱立信两家强势企业争霸全球电信市场。那时，欧美两大标准阵营齐头并进，而我国移动通信产业远远落后于国际水平，标准领域几无涉足，核心技术处于"空白"状态，更谈不上什么自主创新能力了。

从模拟到数字，2G时代紧跟潮流

2G 工作于 900 MHz、1800 MHz 频段，创新地采用了数字信号传输技术，相比 1G，网络较稳定、通话质量较高、保密性较强，除了提供语音通信业务，还能够提供短信、彩信、彩铃、低速上网等业务，并可实现国际漫游。

其时，由于短信的崛起，全球掀起了波澜壮阔的"拇指运动"。新春佳节时铺天盖地的拜年短信、诺基亚坚如磐石的 3310、"：）""^o^"等第一代网络表情符号……都是 2G 时代的印记。图 2-4 和图 2-5 展示了当时具有代表性的两款手机。

图 2-4　打通中国第一个 GSM 电话的诺基亚 2110 手机

2G 技术有多种标准，主要有欧洲的 GSM（Global System for Mobile Communications，全球移动通信系统）和美国的 CDMA（Code-Division Multiple Access，码分多址）。此外，还有美国的 DAMPS（Digital AMPS，数字 AMPS）、日本的 PDC（Personal Digital Cellular Telecommunication System，个人数字蜂窝电信系统）等技术标准。

图 2-5　2G 时代我国市场的可拍照手机

2G 时代，欧洲 GSM 技术发展领先，特别是在中国选用 GSM 技术后，依托中国巨大市场的支撑，在全球风头无两。美国在 CDMA 技术全球化方面不太成功，但在移动通信芯片领域的全球化拓展上则畅通无阻，高通、英特尔等公司的霸主地位稳固。那时，在移动通信领域，依然是欧美在制定"游戏规则"，欧洲略胜一筹，而我国刚刚启动移动通信设备和产品的自主研发，技术还比较薄弱，产业链也很分散。

从语音到数据，3G时代突破标准

3G 工作于 2000 MHz 频段，采用 CDMA 技术，可提供语音、数据业务以及音频、视频等多媒体业务，上下行峰值速率可达 2G 的几十倍，支持多用户通信，安全保密性强，可实现国际漫游。

2001 年，3G 网络在全球开始商用。2007 年，第一代 iPhone 发布，智能手机浪潮席卷全球，移动互联网时代正式到来。3G 是一个开创性的技术，撬动了新旧秩序的更迭，摩托罗拉、诺基亚、朗讯、北电网络、西门子等一大批 2G 时代曾经享誉世界的老牌通信名企，逐渐走向没落；苹果、谷歌、Facebook、Twitter、腾讯、阿里巴巴、百度等一批产业新贵，开始强势崛起。

3G 时代，全球移动通信的发展情况呈现微妙变化，中国开始崭露头角。2000 年 5 月，我国百年通信史上第一个系统的通信标准 TD-SCDMA（Time-Division Synchronous Code-Division Multiple Access，时分 - 同步码分多址）从诸多候选方案中脱颖而出，成为 ITU（International Telecommunication Union，国际电信联盟）认可的 3G 标准之一，与欧洲的 WCDMA（Wideband Code-Division Multiple Access，宽带码分多址）、美国的 cdma2000 成三足鼎立之势。中国在通信标准领域实现重大突破，从此开始登上世界信息通信科技竞争的核心舞台。"TD-SCDMA 关键工程技术研究及产业化应用"项目因此获得了 2013 年度国家科学技术进步奖一等奖。

从桌面互联到移动互联，4G时代全程发力

4G 工作于 1.8 GHz、2.3 GHz、2.6 GHz 频段，下行峰值速率高达100 Mbit/s，是 3G 的几十倍。一部 8 GB 大小的高清电影，用 3G 网络（WCDMA）下载通常需要 2 个多小时，用 4G 网络下载，理论上仅需约 7 分钟。人们使用 4G 网络最直观的感受就是"视频不卡了""图片能秒发"。

如果说 3G 敲开了移动互联网的大门，那么 4G 则真正开启了魅力无边的移动互联网时代。短视频、在线会议、共享单车、街景导航、VR 游戏……这些雨后春笋般涌现的应用彻底改变了人们的生活，我们开始须臾离不开手机。

4G 时代，全球移动通信格局发生了重大变革。在系统标准领域，欧洲主导的 LTE FDD（Long Term Evolution, Frequency-Division Duplex，长期演进－频分双工）和中国主导的 TD-LTE 成为全球两大商用标准，市场规模各占半壁江山，我国移动通信行业发展实现历史性转折。"第四代移动通信系统（TD-LTE）关键技术与应用"项目荣获 2016 年度国家科学技术进步奖特等奖，标志着我国移动通信产业登上科技创新的高峰。

从移动互联到万物智联，5G时代尽显风采

5G 主要工作于 700 MHz、2.6 GHz、3.5 GHz、4.9 GHz 中低频段以及 30 GHz 以上的毫米波频段。自诞生之日起，5G 就引起了全社会的瞩目，仿佛自带主角光环，无论什么时候都是人气焦点。如果谁不能谈两句有关 5G 的话题，似乎就要落伍于时代。

5G 的魅力究竟何在？人们最直观的感受就是网速快。1G 打电话，2G
发短信，3G 下图片，4G 刷微信、看直播，5G 呢？5G 网络的速度让 4G
望尘莫及，用手机下载一部 1G 大小的高清电影仅仅需要几秒。而这，只是
5G 的特性之一（5G 关键性能指标见表 2-2）。

表 2-2　5G 关键性能指标

指标	ITU 的要求值
流量密度	每平方米 10 Mbit/s
连接密度	支持每平方千米 100 万个用户终端
时延	空中接口时延可达到 1 ms
移动性	支持终端以 500 km/h 的速度移动
网络能效	100 倍[1]
频谱效率	2 倍 /3 倍 /5 倍[1]
用户体验速率	可达 100 ~ 1000 Mbit/s
峰值速率	可达 10 Gbit/s[2]或 20 Gbit/s

[1] 指相比于 4G。
[2] Gbit/s 即吉比特 / 秒。

与 4G 网络相比，5G 在速率、时延、连接数 3 个方面实现了巨大跃升，
呈现出"超高速率、超低时延、超大连接"三大特点，分别对应 ITU 提出的
5G 三大应用场景：eMBB（enhanced Mobile Broadband，增强型移动宽
带）、uRLLC（ultra-Reliable & Low-Latency Communication，低时延
高可靠通信）和 mMTC（massive Machine-Type Communication，海
量机器类通信）。

eMBB：5G 最高峰值下行速率可达 10 Gbit/s，约为 4G 网速的 100 倍，
在保证广覆盖和移动性的前提下，可为用户提供更快的数据速率，频谱效率
更高，可降低单位流量使用成本。

uRLLC：5G 的端到端时延为 1 ～ 10 毫秒，仅为 4G 的 1/5。也就是说，5G 的反应速度更快，可以进行更迅速的数据采集，进而实现海量数据的边采集边计算边控制，可有效支持无人驾驶汽车、工业控制等应用场景的快速反应需求，让操作更安全。

mMTC：5G 每平方千米可以支持的设备连接数达到了 100 万台！这一数据相当惊人，将使人与物、物与物之间的海量通信成为可能。有了 5G，万物互联才有实现的基础。

正因为拥有这些特点，5G 可广泛应用于工业领域的机器识别、远程运维、移动巡检、产品检测等环节（如智慧工厂，见图 2-6）以及远程医疗、智慧城市等领域，打造出超乎想象的应用。

值得关注的是，5G 还有两大"杀手级"技能，这是工业互联网发展的"硬核"基础。一是网络切片。5G 的业务范围非常广，不同的业务对带宽等网络资源的需求不同，5G 网络可以在实体网络中进行逻辑分类，就

图 2-6　5G 智慧工厂场景

像"切片"一样，一部分网络支撑一部分业务，为工业等各行业提供部署便捷、性能灵活的专网服务，更好地满足行业用户的定制化需求。二是边缘计算。这个概念比较复杂，可以简单地解释为在"最近端"提供云计算服务，主要面向时延敏感型业务和资源消耗型业务，例如车联网、工业产品检测、室内定位等。

当前，为满足智能制造发展的需要，工业互联网迫切需要具有高速率、低时延、高可靠、广覆盖的基础信息网络，4G 网络难以支撑，5G 网络正当其时。可以说，5G 推动移动通信技术开启了从消费侧向生产侧全面渗透的进程，它与工业互联网的联动将成为驱动第四次工业革命的强力引擎。我国已将 5G 列为"新基建"之首，计划 2021 年年底在全国建成开通 5G 基站 120 万个，覆盖全国所有地级以上城市和重点农村地区。

5G 时代，全球移动通信标准九九归一，中国 5G 实力卓群。华为、中兴是目前全球仅有的能够提供端到端 5G 商用解决方案的两家通信企业。其中，华为在 5G 领域拥有独一无二的优势，提交的 5G 标准提案数量、声明的 5G 基本专利数量在业界均排名首位。中国企业在移动通信领域的自主创新之路走得越来越自信！

从 1G 空白、2G 跟随，到 3G 突破、4G 同步，再到 5G 领先，不到 40 年的时间，中国科技创新究竟如何在移动通信领域实现了华丽"蝶变"？

（二）坎坷创新见真章

1984 年夏，广州电报大楼楼顶的铁皮顶屋子里闷热难耐，时任广州电信局无线分局局长的冯柏堂正带着几个技术员挥汗如雨。让他们心无旁骛的，正是我国第一个模拟蜂窝移动通信基站——西德胜基站（见图 2-7）的建设方案。

从设备全进口、终端全进口，处处受制于人，艰难地建起第一代移动通信网络，到技术够先进、竞争力够强，让 5G 信号覆盖世界最高峰，30 余年过去了。当年风华正茂的移动通信建设者们早已白发苍苍，那位在中国第一个大容量蜂窝移动通信网（1G）开通仪式上兴奋地拨通电话的老人家也离开我们多年了。

图 2-7　西德胜基站

　　从无到有、从弱到强，从"移动通信小白"到全球头号移动用户大国、移动通信设备生产大国、手机制造大国与移动互联网大国……这些移动通信发展"中国模式""中国速度"的见证者、参与者、推动者、支持者难以忘记，那些选择何种技术路径的纠结、那些曾经被人轻看漠视的愤懑、那些产业短板艰难成长的惊喜、那些研发途中突破不能的痛苦、那些历经曲折终见曙光的欢乐……

　　科技创新，从无坦途！从 1G 到 5G，这一路，披荆斩棘，惊心动魄；这一路，风云激荡，英雄辈出！

落后半个世纪的窘迫

　　作为世界文明古国，中国曾经是世界通信发源最早的国家之一。我国古代第一部通信"标准"——秦朝《行书律》（见图 2-8）的颁布，比欧洲古罗马帝国的建立还要早 100 多年。大量史料显示，正是汉朝的丝绸之路将当时世界上最先进的通信方式——邮驿制度由中国传到了西方。

　　然而，100 多年前，在全球通信业进入以电报、电话为代表的近代通信发展的关键时期，晚清政府的愚昧保守、故步自封，导致中国通信业在信息通信技术更迭的关键时刻一再错失良机。

1840 年，当莫尔斯码的发明者美国人塞缪尔·莫尔斯研制出可用于实际通信的电报机时，中国正深陷第一

图 2-8 1975 年在湖北云梦睡虎地秦墓中出土的《云梦睡虎地秦简》，《行书律》列于其上

次鸦片战争之中，已经完成工业革命的英国用两年时间强迫清政府签订了中国近代第一个不平等条约《南京条约》。

1899 年，被称为"无线电之父"的意大利人马可尼发送的无线电信号成功穿越英吉利海峡，1901 年又成功穿越大西洋，人类开启了使用电磁波的近现代通信时代，通信距离的极限被不断突破。而地球的这一边，清政府把先进通信技术视为"奇技淫巧"极力抵制，而且也顾不上发展现代科技，因为西方列强组成的八国联军正在中国烧杀抢掠，随后签订的《辛丑条约》使得中国完全沦为半殖民地半封建社会。

历经无数沧桑，在中国共产党的带领下，中国人民经过艰苦卓绝的奋斗，开辟了中华民族历史的新纪元。

新中国成立之初，面对的是个十足的烂摊子，千疮百孔，百废待兴。数据显示，1949 年，中国 GDP 只有 123 亿美元，人均 GDP 仅 23 美元；而同期，美国人均 GDP1882 美元、英国 642 美元、法国 842 美元、日本 182 美元。

巨大的经济差距下，新中国的通信业亦是一穷二白。1949 年，我国市内电话交换机总容量仅有 31 万门，全国电话普及率仅 0.05%，电话用户总数约 21.8 万户，"摇把子"电话都是稀罕物，长途通信主要靠短波无线电报，全国大部分地区通信"基本靠吼"。

为迅速扭转落后局面，1949 年 11 月 1 日成立的中央人民政府邮电部在次年 1 月召开的全国第一次邮电工作会议上确定，以无线电报网建设为突破口、以邮政设施为基础，建设覆盖全国的通信网络。到 1959 年新中国成立 10 周年之际，我国通信情况实现了巨大改变，无线电台数量增长了 5.3 倍，长途电话线路数量增长了 1.5 倍，电话交换机数量增长了 1.35 倍。新中国 10 年的邮电发展胜过了旧中国 70 年的总和。

通信人总是感慨时间不够用。当我们奋起直追时，西方发达国家的信息技术"跑"得更快。

随着第三次工业革命——信息革命大门的开启，信息化、网络化成为当今世界最显著的特征之一。特别是第二次世界大战之后，全球主要国家基本达成共识：强化网络基础设施建设是提升国家综合竞争力的必由之路。

1956 年，摩托罗拉公司推出了无线寻呼机；1959 年，美国的基尔比和诺伊斯发明了集成电路；1962 年，美国贝尔实验室发明了语音信号的数字化传输方法；1967 年，大规模集成电路诞生；1973 年，马丁·库珀发明了世界上第一部手机；1977 年，全球第一台个人计算机 Apple Ⅱ 面世；1978 年，贝尔实验室研发出了 1G 网络标准（模拟移动通信网络）；1979 年，日本建成了全球第一个蜂窝移动通信网络，1G 时代随之到来！

移动通信的出现引起了正在改革开放激流中闯荡的中国的关注。早在 20 世纪 70 年代中期，邮电部就指派电信传输研究所搜集相关信息，密切关注世界移动通信的发展。1978年，邮电部从意大利引进了车载移动通信系统，在北京完成了我国历史上的第一次移动通信试验。4年后，1982年7月1日，邮电部电信传输研究所和邮电部第一研究所研发出我国第一套移动通信设备（见图2-9），在上海面向社会投放使用。

图2-9 我国第一套移动通信设备——150 MHz 公用模拟移动通信交换系统，只能放在车上或船上使用

与此同时，随着改革开放的深入推进，商品经济在我国各地迅速发展起来。但许多外商来到改革开放的前沿阵地——广东投资时，却因为没有移动通信网络，手中的"大哥大"只能处于闲置状态。沟通不畅，发展受制，"三来一补"（来料加工、来件装配、来样加工和补偿贸易）等外向型企业的通信需求分外迫切。

1985年，邮电部决定着手制定我国移动通信网络的技术体制。这意味着我国准备上马移动通信。

这一任务交给了电信传输研究所，主要由卢尔瑞（后任广东省移动通信局局长）、李默芳（后任邮电部移动通信局总工程师，中国移动通信集团公司党组成员、总工程师）等带领团队负责。

李默芳和同事们常想：什么时候我国能建设一个移动通信系统？当时，大家都认为这种想法的实现遥不可及。因为全球主流观点认为，移动通信是典型的富人通信，人均收入达到1万元以上的国家才有可能发展移动通信，而那时我国的人均收入远远低于这个标准。

但是，改革开放、经济发展的巨大需求改变了人们的预期与判断。

为适应改革开放的需要，邮电部联合广东省，决定以第六届全国运动会为契机，将广东省珠江三角洲移动电话网首期工程作为重点突破口，开始建设移动通信网络。在当时的首期工程开通仪式上，时任邮电部部长的杨泰芳拨通了移动电话（见图2-10）。

图2-10 1987年11月18日，在第六届全国运动会召开前夕，时任邮电部部长的杨泰芳在广东省珠江三角洲移动电话网首期工程开通仪式上拨通移动电话

1987年11月18日，广东省珠江三角洲移动电话网首期工程完成，这意味着我国第一个大容量蜂窝公用移动通信系统正式开通。从此我国进入了移动通信规模化商用的新阶段。"大哥大"成为那个时代的网红"奢侈品"，即使高达数万元，也一机难求，当时拥挤的缴费场景（见图2-11）成为那个时代的剪影。

在"大哥大"火爆的背后，我国移动通信行业的技术力量与产业化能力则"令人揪心"。

1G时代，美国AMPS、英国TACS标准占据主流，摩托罗拉、爱立信两家强势企业争霸全球电信市场。那时，我国对移动通信技术的掌握、理解、应用与世界先进水平还存在着巨大的差距，整个产业落后于发达国家50年。所有移动通信设备和终端全部依赖进口，除了要支付高额的专利费用和昂贵的设备费用外，网络的建设、布局也受制于人，每一步的发展都分外艰难。

图 2-11　20 世纪 90 年代移动通信服务窗口拥挤的缴费场景

　　缺乏移动核心技术的辛酸，让我国的移动通信从业者不得不突破、不得不创新。一条"以市场换技术"的发展思路逐渐清晰，我国的移动通信行业开始与世界接轨。

　　1984 年，我国通信行业第一家中外合资企业——上海贝尔电话设备制造有限公司正式成立，随后，诺基亚、爱立信、摩托罗拉纷纷进入中国，这些国际企业在这里找到了巨大的市场机遇，并将先进的移动通信技术带入了中国。

　　邮电部的相关科研单位也开始关注移动通信技术，并积极展开课题研究，为我国培养了一批移动通信领域的技术骨干。那时，中兴、华为等我国本土通信设备制造商才刚刚成立，还湮没在成千上万家小企业中，默默无闻，谁也没预想到后来它们将会叱咤全球。

星星之火燃起燎原之势

　　移动通信的出现，为人们随时随地自由沟通的梦想插上了腾飞的翅膀。然而，这双"翅膀"实在太昂贵，在发展初期，仅少数人享用得起。

如何让广大老百姓也能用得上、用得起手机？

我国政府看准移动通信蓬勃发展的趋势，决定不能再错失机遇，要以最快的速度建成覆盖全国大中城市的移动通信网络，同时大幅度降低移动通信的入网费。

1994年3月26日，邮电部移动通信局成立，援藏回来的"老电信"杜保良担任第一任局长。他带着十几个人，租用北京电信管理局招待所的4个标准间，风风火火走上了创业路。屋里冬天没暖气，穿着大衣还得时常站起来跺跺脚；夏天有空调，但那是机房里面的"宝贝"独享的，通信人都在办公室里挥汗如雨。

"移动电话是以个人为发展单元的，而固定电话是以家庭为发展单元的，因此，移动电话的发展一定会在不远的将来超过固定电话，你们从事的是最有希望的事业。"虽然硬件条件很差，创业初期很苦，但时任邮电部部长的吴基传（后任信息产业部第一任部长）的一番话让移动局的年轻人鼓足了干劲。

历经几番比选、较量，我国最终选择采用欧洲GSM技术建设第二代移动通信网。1994年10月，中国第一个省级数字移动通信网络在广东省开通，波澜壮阔的2G时代正式启航！当年吴基传部长打通GSM电话的场景如图2-12所示。

随着GSM网络在全国范围内的大规模建设，我国

图2-12 1994年10月25日，在中国国际通信设备技术展览会上，时任邮电部部长的吴基传打通GSM电话

的移动通信发展进入大步跨越阶段。

2008 年，全国移动电话用户数突破 6 亿。2G 时代，不到 15 年的时间，我国的移动电话用户数就增加了近 1000 倍！手机从奢侈品变成了必需品，而"村村通电话"工程的实施让广大农民"用得上、用得起、用得好"手机。同时，几经改制重组、市场竞争历练的中国移动、中国电信、中国联通三大电信运营企业开始迈入世界信息通信企业的前列，中国也成长为全球移动电话用户数最多、手机产销量和品牌数量最多的国家。

一边是高速发展，另一边则是设备掣肘。当时，移动通信设备的市场份额几乎都掌握在少数外资企业手中，如何才能改变这一局面？在认真剖析自身技术水平与发展趋势的基础上，我国制定了移动通信发展的"三步走"战略。第一步，在没有自己的数字蜂窝移动通信设备以前，先买别人的设备，建设自己的移动通信网络，但不能永远停留在这个层次。第二步，组织生产自己的移动通信设备，与国外企业展开竞争，以振兴民族制造业。第三步，增强自主研发能力。

经历了"以市场换技术"的准备阶段之后，我国大胆走上了引进、消化吸收、自主创新相结合之路，以中兴、华为为代表的中国企业开始崛起。

回首过往，我国的通信设备制造企业其实起步于程控交换时期。20 世纪 90 年代，以巨龙、大唐、中兴、华为（即"巨大中华"）为代表的一批制造企业敏锐地抓住难得的历史机遇，在程控交换机的国产化过程中实现了群体突破，极大地改变了通信设备市场的竞争格局，形成了我国通信设备制造业的"基本班底"。

其间，邮电部对通信设备的国产化给予了大力支持。在国产程控交换机实力较弱时，开放农村及中小城市的程控交换网络，给国产机提供改进、完善的机会，让华为等企业的程控交换机以"农村包围城市"的模式获得快速发展，并主办国产程控交换机用户协调会，推动民族品牌在市场的历练中赢得认可。

基于在程控交换领域积累的资金和技术实力，国内通信设备制造企业开始向移动通信等新领域发展。

1994 年，中兴成立了上海第一研究所，以无线和接入为主要的研究方向；1998 年，又成立了上海第二研究所，从事 GSM 移动通信系统、终端设备的研制。1997 年，华为推出了我国第一套 GSM 系统，这是其成立近 10 年来的一次巨大创新和技术飞跃。1998 年，华为和中兴的 GSM 系统先后通过国家鉴定，获得现网试验的机会。一年后，中兴与南斯拉夫 BK 集团签订了总额为 2.25 亿美元的 GSM 移动通信设备供货合同，实现了我国历史上第一次拥有自主知识产权的 GSM 移动通信设备出口。

当时，爱立信、诺基亚、摩托罗拉、北电网络等欧美厂商基本垄断了我国的移动通信设备市场。虽然在国内市场的份额还不足 5%，但是华为、中兴经过多年的市场培育，逐渐打开了局面。

从 2005 年开始，中国移动等企业在 GSM 系统采购上采取重大革新措施：一是加大集团集中采购的力度，二是引进华为、中兴等国内的制造商参与市场竞争。自此，华为从边缘设备供应商快速成长为核心设备供应商，华为的设备占中国移动 GSM 系统采购的份额逐年上升，2006 年升至 21%，华为在全球 GSM 设备供应商中的排名也升至第三。2007 年，华为坐上了全球 GSM 设备供应商的头把交椅。

依托逐渐形成的系统设备领域的技术优势，中兴、华为等民族企业适时开启了手机终端的研发工作。同时，一大批家电厂商也开始进入手机市场。但直到 2G 时代末期，我国手机的核心研发能力依然较为薄弱。

2G 时代，庞大市场的带动、宏观政策的引导、政府强力的支持对我国移动通信行业的发展起到了重要的推动作用。当时，我国电信运营企业形成共识：要站在国家高度支持制造业的发展，在市场规范的约束下支持自主通信设备的应用。

"巨大中华"等在程控交换机市场上成长起来的中国企业，通过一段时期的技术和市场经验积累，开始在国内外崭露头角，从移动通信核心网络设备到无线基站，初步具备了参与国际移动通信设备市场竞争的能力。

通信企业的快速成长有力地提升了我国的国际竞争力。2G 时代，移动通信行业的跨越式发展，催生了中国移动、中国联通、中兴、华为等在国际通信领域颇具竞争力的大企业。我国曾被冠以"世界加工厂"的称谓，这既体现了我国在劳动密集型加工制造业方面的优势，也折射出我国在技术和知识密集型产业方面的劣势。然而，在经济全球化的背景下，决定一个国家国际竞争力的恰恰是技术和知识密集型产业的水平。移动通信企业的腾飞，特别是国际影响力的提高，极大地促进了我国国际竞争力的提升。

TD-SCDMA，决定性的突破

20 世纪 90 年代，面向更高带宽、更快速率的 3G 技术相关研究逐渐浮出水面，成为世界各国在高科技领域竞争的新焦点。

1996 年，ITU-R TG8/1 会议在美国召开，时任邮电部移动通信局总工程师的李默芳作为代表，将中国对 3G 的需求形成报告提交给了 ITU。当时，发展中国家里，只有中国提交了 3G 文稿。

1997 年 4 月，ITU 向全世界征集 3G 国际标准技术方案。我国政府主管部门和业界专家敏锐地意识到，这是掌握移动通信行业发展主动权、冲击自主创新制高点的大好机遇。当年 7 月，邮电部批准成立了 3G 无线传输技术评估协调组，该协调组由政府部门、运营企业和研究机构组成，由时任邮电部电信传输研究所副所长的曹淑敏担任组长。

1998 年年初，邮电部决定由电信科学技术研究院牵头，以 SCDMA 技术为基础，起草 3G 标准提案，代表中国向 ITU 提交。那时距离提交截止日期已不足半年的时间，在移动通信专家李世鹤（后来被誉为中国"3G 之父"）的带领下，我国开始了紧张的 3G 标准提案的起草工作。

SCDMA 的突出特点是具有很高的频谱利用率，可动态调整上下行链路速率，能有效解决 GSM 技术中频谱资源利用不足的问题，而且创新采用智能天线技术，大幅降低发射功率。

1998 年 6 月，我国 3G 标准提案的起草工作完成。在 6 月 30 日——3G 国际标准提案征集截止日，我国正式向 ITU 提交了拥有自主知识产权的 TD-SCDMA 技术作为 3G 标准的候选标准。这是我国百年通信史上第一次向 ITU 提交完整的通信系统标准！我国移动通信的自主创新迈出了第一步！

到 1998 年 6 月底，ITU 共收到 10 个候选地面无线传输技术标准，其中，美国 4 个、欧洲国家 2 个、韩国 2 个、中国 1 个、日本 1 个。我国提交的 3G 标准想要在 ITU 的选拔机制中胜出，还有很长的路要走。

首先，必须通过 ITU 电信标准化部门和无线电通信部门设置的两道技术关口。

几经博弈，甚至是斗争，1999 年 11 月，在芬兰赫尔辛基召开的 ITU 会议上，TD-SCDMA 被列入 ITU 建议 ITU-R M.1457，成为 ITU 认可的第三代移动通信无线传输主流技术之一。2000 年 5 月，世界无线电通信大会正式批准了 3G 标准的建议。从此，中国提出的 TD-SCDMA 与欧洲提出的 WCDMA、美国提出的 cdma2000 并列成为第三代移动通信三大主流标准。

这是我国百年通信史上"零的突破",标志着我国在移动通信技术标准领域进入世界前列。

获得 ITU——这个制定全球通信行业标准的官方组织的批准,中国的 3G 标准就真正确立了国际标准的地位了吗?第一次参与移动通信高科技领域"标准游戏"的中国,后来才发现"游戏规则"很复杂。

在全球通信领域,一个国际标准要真正实现商用,必须获得两个方面的支持:一是官方组织(例如 ITU)的认可,二是产业链 [例如 3GPP (3rd Generation Partnership Project,第三代合作伙伴计划)、3GPP2 (3rd Generation Partnership Project 2,第三代合作伙伴计划 2)等国际通信标准化组织] 的支持。虽然 ITU 在移动通信国际标准制定的过程中发挥着主要的推动作用,但是 ITU 的建议并不是完整的规范,标准的技术细节主要由上述两个国际通信标准化组织进一步完成。也就是说,如果仅仅被 ITU 认可,但没有得到 3GPP、3GPP2 这些国际通信标准化组织的支持,标准也只是纸上谈兵,不能实现真正的商用。

然而,3GPP、3GPP2 一开始并不接纳 TD-SCDMA。

为了适应"游戏规则",1999 年 4 月,我国成立了第一个通信标准化组织——CWTS (China Wireless Telecommunication Standard group,中国无线通信标准研究组),由曹淑敏兼任该组织的主席。1999 年 6 月,CWTS 正式加入 3GPP 与 3GPP2。

加入是一回事,赢得国际通信标准化组织的认可是另一回事。只有被 3GPP 等组织认可,才能通过它们协助 TD-SCDMA 定义完整的端到端系统规范,实现不同厂商之间的互操作,从而为中国 3G 标准的商用化奠定坚实基础。此时,在国际通信界颇具威望的李默芳再次出马,在国际友人和国内企业的支持下，推动中国 3G 标准与 3GPP 的"牵手"迈出了重要的一步。

李默芳回忆在德国
海德堡斡旋标准推
动工作的故事
（视频）

1999 年 12 月，3GPP RAN 会议上，正式确立了 TD-SCDMA 与 UTRA-TDD 标准融合的原则。经过持续不断的努力，2001 年 3 月 16 日，在美国加利福尼亚举行的 3GPP TSG RAN 第 11 次全会上，TD-SCDMA 被列为 3G 标准之一。这是 TD-SCDMA 成为全球标准历程中的一座重要里程碑，标志着 TD-SCDMA 被全球众多电信运营企业和设备制造商接受。

创新的道路总是充满坎坷。眼看中国在移动通信高科技领域下定决心"自主创新"，他人怎会甘心？

2003 年 6 月，世界无线电通信大会在瑞士日内瓦举行。日本突然提出要在中国已经分配给 3G TDD 业务的频率上发展卫星广播业务。该提案一旦通过，TD-SCDMA 未来的发展将受到严重影响。为此，中国代表团进行了全面反击，最终使日本代表团的提案未获通过，成功维护了我国发展 TD-SCDMA 的正当权益。

作为我国百年通信史上第一个拥有自主知识产权的国际标准，TD-SCDMA 是我国通信行业自主创新的重要里程碑。然而，标准并不等于产品，更不等于商品，能否顺利地将创新技术真正转化为现实生产力，是这一自主创新技术成果必须面对的真正考验。

2002 年 10 月 30 日，多家业界公司联合发起成立了 TD-SCDMA 产业联盟。国家在资金上给予了 TD-SCDMA 大力支持。2004 年 2 月，国家发展改革委、科学技术部、信息产业部共同启动了"TD-SCDMA 研发和产业化项目"，安排项目经费 7.08 亿元。

2005 年，TD-SCDMA 产业化专项测试结果显示，TD-SCDMA 可以大规模独立组网。消息令人振奋！但是，由于投入过大且没有收益，一种相当低落的情绪开始在产业链中蔓延：TD-SCDMA 前景不明，要不要继续支持？

为此，中国科技界数位德高望重的院士就 TD-SCDMA 的发展直接上书中央领导，并很快得到批复：此事重大，关系到我国移动通信的发展方向。TD-SCDMA 的发展迎来重大转折。

2006 年 2 月，以中国电信、中国移动和中国网通 3 个有实力的电信运营企业为主，TD-SCDMA 规模网络技术应用试验启动了。

2007 年年初，我国政府希望以中国移动为主，用 1 年时间建成一个可以服务奥运会的八城市 TD-SCDMA 扩大规模试验网。中国移动迅速表态：坚决不辱使命，完成任务。2008 年 8 月 8 日 20 时，在漫天的烟花中，一场在中国大舞台上演的奥林匹克盛典绚丽开幕。20 万测试用户、10 万奥运工作者用上了 TD-SCDMA 网络，中国如期兑现了将 3G 技术用于 2008 年北京奥运会的庄严承诺。

当年 3 月，工业和信息化部正式成立，随后中国通信业再次重组。2008 年 5 月，新中国电信、新中国移动、新中国联通相继成立，我国通信行业首次形成了三大全业务电信运营企业"三足鼎立"的市场格局。

究竟谁会擎起 TD-SCDMA 的运营大旗？还是 3 家同担重任？国内外传言甚盛。一时间，关于 TD-SCDMA 究竟花落谁家的猜测成了媒体热议的话题。

在全球金融危机的大背景下，这一谜底很快揭开。

2009 年 1 月 7 日，工信部正式发放了 3 张 3G 牌照，中国移动获得 TD-

SCDMA 牌照，中国电信获得 cdma2000 牌照，中国联通获得 WCDMA 牌照。中国正式进入 3G 时代！

市场才是检验一切的试金石。当 TD-SCDMA 真正要大规模组网、接受广大手机用户的检验时，一系列问题密集地浮出水面：组网经验为零，运营经验为零，测试体系为零，芯片为零，终端为零……2009 年 3G 商用之初，产业生态相对成熟的 WCDMA 在全球拥有 284 个商用网络，cdma2000 拥有 106 个商用网络，而 TD-SCDMA 产业几乎什么都要从零做起。

只有真正被"扔"入竞争激烈的市场，所有参与、关心我国 3G 技术发展的人才深刻地认识到：这不是简单的技术竞争，而是全方位的产业链竞争；我国相比发达国家，落后的不仅仅是技术，还有产业链的整体实力和核心环节的关键人才。

创新中遇到的问题，还得继续在创新中解决。

中国移动、大唐等 TD-SCDMA 产业各方只有一条路：联合创新、苦干巧干。

TD/2G 融合发展思路的提出，靠联合创新；"三不三新三融合"组网策略的明确，靠联合创新；远距离覆盖技术、双极化智能天线的研发，更靠联合创新。

以"5+2""白 + 黑"的超常规速度建设 TD-SCDMA 网络，创造了全球通信史上网络建设新纪录；

以多路出击的超常规方式搭建 TD 市场推广和业务发展体系；

以资金激励、全网包销的超常规方式带动 TD 终端瓶颈的突破；

…………

TD-SCDMA 一路披荆斩棘，终于"杀"出了一条血路。

发牌不到两年的时间，TD-SCDMA 用户数突破了 2000 万，3 年突破 5000 万，4 年突破 1 亿，占全国 3G 用户总数的比例超过 40%。2013 年，TD-SCDMA 进入爆发式增长阶段，用户数以每月近千万户的速度增长，并于 2014 年 1 月突破 2 亿户，超额完成了国内市场"三分天下有其一"的原定目标，初步实现了 TD-SCDMA 在我国市场的成功运营。

这样的成绩单是电信运营企业携手产业链在巨额的投资下"拼"出来的。据统计，2009 年至 2012 年，中国移动对 TD-SCDMA 的总投资达到 1945 亿元。有人测算过，如果中国移动采用 WCDMA 标准，达到同样的网络规模，投资金额将会减半。

多年后依然有人发出质疑：中国移动砸下了重金作为"学费"，到底值不值？值不值，下面这一组组数据就足以说明问题。

据测算，仅 2009 年到 2011 年的 3 年间，TD-SCDMA 的运营、终端、芯片、系统设备、仪表等产业各方合计直接拉动 GDP 增加 612 亿元；通过产业关联效应，间接带动国民经济其他行业增加产值 1768 亿元；通过网络投资、业务运营和聚合业务开发企业，TD-SCDMA 产业直接创造就业岗位超过 43.1 万个。

1G 时代，我国发展了 60 多万移动电话用户，仅向国外公司购买设备就支付了 2500 亿元，2G 时代达到近万亿元。而在 3G 时代，随着 TD-SCDMA 用户规模的扩张，相比采用其他 3G 标准，我国终端制造企业可节约的专利许可费支出就达到数十亿美元。这些仅仅是 TD-SCDMA 产业化价值的沧海一粟。

TD-SCDMA 的发展不仅为我国通信行业带来了巨大的经济效益，而且加快了通信企业由"中国制造"向"中国创造"提升的步伐。

在中国工程院院士邬贺铨看来，"自主创新"不是一个科学范畴的名词，而应纳入经济学范畴，自主创新唯有产生经济效益和社会效益才有价值，因此实现从标准引领到产业引领才是我国大力推进自主创新的最终目标。

在 TD-SCDMA 的产业化进程中，我国的通信企业不仅在运营、制造环节发挥了积极作用，而且在终端、芯片、仪表等领域崛起，它们的身影开始出现在一些由国外通信企业独领风骚的领域。可以说，正是由于 TD-SCDMA 的推进，一条由我国通信企业参与并主导的移动通信完整产业链开始形成。不过，这条产业链的力量还比较薄弱。

TD-LTE，科技创新典范

2004 年，就在中国 3G 技术开始崭露头角的同时，全球领先国家看准宽带移动化、移动宽带化的大趋势，已经将目光投向速度更高、应用场景更丰富的准 4G 技术与下一代移动通信标准。

标准背后的博弈

当时，"准 4G 技术"领域，三大门派称雄，激战正酣。其一，是 IT 界杀出的"黑马"WiMAX，主要推动者是以英特尔、思科领衔的 IT 厂商，美国政府竭力支持。其二，是 3GPP 主导、爱立信等欧洲厂商鼎力支持的LTE（Long Term Evolution，长期演进）。其三，是高通领衔的 3GPP2 推出的 UMB（Ultra Mobile Broadband，超宽带移动）技术标准。

2005 年年底至 2007 年年初，隶属 UMB 演进路线的 CDMA 阵营中出现了数家电信运营企业的"逃离"，UMB 最先出局，4G 竞争舞台形成了LTE 和 WiMAX 两强对决的竞争态势。面对 4G 技术的激烈角逐，刚刚涉足3G 产业化进程的中国通信业怎么办？

3G 时代，全球宽带移动通信包含 FDD(Frequency-Division Duplex,

频分双工）和 TDD（Time-Division Duplex，时分双工）两种各有优势的制式。其中，TDD 技术可在非对称、零散的频谱上使用，在频谱稀缺的时代前景看好。中国的 TD-SCDMA 标准就属于 TDD 范畴。

美国主导的 WiMAX 也是 TDD 制式，其标准一形成，美国就在全球大举收购 TDD 非对称频谱，并在 2007 年统一了全球 TDD 频谱；欧洲 3GPP 也看到了 TDD 的全球前景，在其主导的 LTE 战略中规划了相互融通的 LTE-FDD 和 LTE-TDD 两种制式。

而此时，中国 TD-SCDMA 产业化专项测试才刚刚得出 TD-SCDMA 可以大规模独立组网的结论。这么明显的差距让一种低落的情绪在中国通信产业界弥漫，数种声音争论不休。一些已经投资 TD 3G 研发的企业担心启动 4G 会难以收回之前对 3G 的投入，主张先集中精力搞好 TD 3G 的研发和推广；而在 TD 3G 标准的竞争中一路打拼过来的大唐则认为，如果不提前布局 TD 的 4G，TD 的 3G 就没有未来，因此早在 2005 年年初就开展了 TD 长期演进方案的研究。

在当时的行业主管部门——信息产业部看来，最重要的是国家的长远利益最大化。兵分两路！在继续推进 TD 3G 的同时，立即启动 TD 4G 的规划部署。

2007 年 3 月，在组织 TD-SCDMA 扩大规模试验的同时，信息产业部拍板成立 4G 推进组，由时任信息产业部电信研究院副院长的曹淑敏（现任北京航空航天大学党委书记，中共第十九届中央委员会候补委员）担任组长，时任中国移动研究院副院长的王晓云（现任中国移动技术部总经理，中共第十九届中央委员会候补委员）担任副组长。

由此，中国 4G 战略正式启动！

面对两强技术阵营的对垒之势，在 3G 时代已处于明显弱势的中国 TD

技术，独树一帜已无可能。中国 TD 的演进之路只剩下两种选择：一是加盟 LTE 阵营，并主导其 TDD 标准；二是联合同属于 TDD 技术范畴的 WiMAX 阵营，实现基于 TD-SCDMA 的继续演进发展。

就在艰难抉择之时，WiMAX 阵营向中国这个全球最大的移动通信市场发出了积极的信号。我国政府主导的 4G 推进组成立后不久，英特尔高层随即到访信息产业部，希望在我国分配给 TD-SCDMA 的频段开展 WiMAX 试验。

我国当时正艰苦地推进 TD-SCDMA，如果在 WiMAX 网络的 802.16m 标准中加入 TD 核心技术，实现 802.16m 与 TD 的兼容，无疑也是一个选择。但 802.16m 标准中的一项建议成为双方合作的一大障碍——"实现 802.16m 对 802.16e 的双向兼容"，这项建议直接切断了 TD-SCDMA 向 WiMAX 技术演进的可能。时任信息产业部科技司副司长的闻库代表信息产业部提出，如果美方同意在 802.16m 标准中删除该建议，将 TD-SCDMA 纳入，中国将欢迎英特尔在中国使用 TD-SCDMA 的频段建设 WiMAX 试验网。双方达成初步共识，信息产业部迅速组织相关专家开展技术准备工作。

然而，在美国旧金山召开的 IEEE 会议却给参会的中国专家当头浇了一盆冷水。会上，除一位英特尔的工程师表示支持外，我国的提议无人响应！此后，在 ITU 的一次会议上，WiMAX 联盟的代表突然单方面发布了他们的演进方案。这意味着，WiMAX 联盟正面否定了我国的建议。

但是，事关我国 4G 标准的前途，我国主管部门并没有轻言放弃，而是继续秉持开放合作的态度，积极与 WiMAX 阵营谋求共识。然而，几经沟通，英特尔对已有方案非常坚持，但我国的底线不容突破。最终，TD-SCDMA

与 WiMAX 的融合发展之路提前结束！

WiMAX 所属 IT 阵营的固执断送了一次可能的合作机会。失去了拥有巨大市场的中国这一合作伙伴，加之与隶属 CT 阵营的芯片巨头高通谈判失败，WiMAX 的产业链风雨飘摇。2011 年，全球最大的 WiMAX 运营商——美国 Clearwire 公司宣布与中国移动合作，共同推进基于 TD-LTE 的产品服务。很快，全球 400 多家 WiMAX 运营商全部倒向采用 TDD 制式的 TD-LTE 阵营。

在与 WiMAX 阵营探索合作可能的同时，我国并未放弃与 LTE 阵营的合作。

2007 年，经过大唐与主导 LTE 标准的爱立信公司的几番深入沟通，双方决定开展合作。爱立信表示，只要我国的 LTE-TDD 方案在帧结构上与其 LTE-FDD 实现融合，爱立信就将支持 TD 4G 方案成为 LTE-TDD 的唯一方案。

经过缜密思考，信息产业部决策层达成共识：从技术方向上来看，通信标准全球化是方向，统一两种制式的帧结构有利于长远融合创新；从策略上来看，在非原则性问题上做出让步，加入 LTE 阵营，主导其中的 TDD 制式标准，有利于 TD-SCDMA 的持续演进发展。基于这一判断，中国 4G 推进组经过研究，最终形成"以融求进"的策略。在 2007 年 11 月底召开的 3GPP 专题会上，该方案成为 LTE 阵营 TDD 模式的唯一技术方案！

然而，标准之路从来都不是一帆风顺的。2008 年，仕迪拜召开的 ITU-R WP5D 第二次会议上、在 3GPP RAN1 第 52 次会议上……中国 4G 技术的国际标准化进程连续遭遇相关利益方的猛烈阻挠。

这是一场斗智斗勇的残酷战斗，这是一场不进则退的生死争夺。在国际舞台上，来自中国移动、电信研究院、大唐、华为、中兴等企业的中国代表抱团出击，据理力争，其中的波折难以尽述。

终于，2008年12月，LTE-TDD顺利完成了帧结构融合的所有工作，并与LTE-FDD同步完成了标准的制定。随后，LTE-TDD被更名为TD-LTE，明确了其作为TD-SCDMA后续演进技术的地位，进一步彰显了我国主导TD-LTE技术的大势。

随后，中国企业披荆斩棘，在4G标准化进程中连续成功地实施了一系列关键项目。2010年10月，在重庆举行的ITU会议正式确定了4G（IMT-Advanced）国际标准，TD-LTE-Advanced被接纳为4G技术。2012年1月，在世界无线电通信大会上，TD-LTE-Advanced被正式确立为4G国际标准。从此，TD-LTE终于成为继TD-SCDMA之后我国主导的又一个国际通信标准！经过多年的努力，我国从主导标准化项目不足全球1/10到占近半数，成为全球移动通信领域标准化的主导力量（见图2-13)!

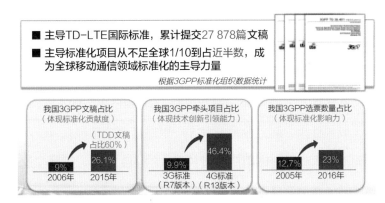

图2-13 2005—2016年我国在通信标准化领域的发展概况

4G元年开启，中国技术赢得先机

2013年12月4日，工信部向中国移动、中国电信和中国联通颁发了"LTE/第四代数字蜂窝移动通信业务（TD-LTE）"经营许可。中国正式迈入 4G 时代！

2009 年，3G 网络在我国刚刚商用时，3G 在全球已经发展了近 10 年的时间。4 年后，4G 牌照发放时，中国通信人必须面对这样的现实：3G 网络基础薄弱，2G、3G、4G、WLAN"四世同堂"，建设资金紧张，建设场景复杂……可谓困难重重。

3G 落后的局面在 4G 时代能否被扭转？彼时，中国通信人团结一心、目标一致：超常规建设，只争朝夕。

中国电信、中国移动、中国联通，3 个"国"字头的电信运营企业不约而同地将 4G 网络建设列为"一号工程"，一场 4G 大会战在全国各地陆续打响。

工作日与休息日的界限模糊了，"5+2""白 + 黑"成为 4G 网络建设者的常态；各司其职的专业区隔融合了，多个跨专业工作组在建设一线协同推进；半夜两点的地铁涵洞中，工程建设者争分夺秒地布线施工；海拔 5200 米的珠穆朗玛峰大本营，高原缺氧阻挡不了建设者的脚步，4G 信号"登上"世界最高峰；独龙江峡谷，一个几乎与世隔绝的角落，车路不通，建设人员架光缆、爬铁塔、装设备、测信号，身背肩扛是日常；东北高寒地区，冬季不施工的惯例被打破了，冰天雪地中是建设者科学攻坚的顽强身影……

就这样，汇涓成海，聚沙成丘，我国的 4G 网络从无到有、从弱到强，迅速成长壮大。时至今日，我国一直保持着全球最大 4G 网络的纪录。中国的 4G 技术成为全球用户数增长最快的 4G 技术。正是在这一时期，我国启动了电信普遍服务试点工作，如今全国行政村通光纤和通 4G 的比例均已超99%，广大农民也享受到了 4G 技术的红利。

闯出科技创新路

一直以来，移动通信都是科技创新最活跃的领域，特别是进入 21 世纪后，其技术更新速度和辐射力在各行业中均处于领先水平。回望 4G 发展的历程，我国 4G 技术 TD-LTE 的标准化、产业化、商业化之路跌宕起伏，其最值得称道的价值，不仅在于产生了巨大的经济效益和社会效益，更在于有力地带动了我国系统制造、智能终端、移动应用、高端芯片、仪器仪表等整个产业链的创新与突破（见图 2-14），使我国的移动通信几乎全产业链跻身国际前列，而这在我国其他领域极为少见。正是基于 4G 时代创新实践积淀的技术实力、生态战略、市场优势、人才资源、国际视野以及产业自信，我国在 5G 时代的局部领先才成为可能。

图 2-14 TD-LTE 创新树，数据截至 2016 年（孙忠营、邵素宏 制作）

在运营领域，神州大地上建成了沟通城乡、覆盖全国、通达世界的全球最大的移动通信网络。截至 2020 年年底，全国基站总数超过 900 万，其中仅 4G 基站就近 600 万个，约占全球 4G 基站总数的 2/3。目前，我国的移动电话用户数、移动宽带用户数已经双双位居世界第一，中国移动、中国电信、中国联通三大基础电信企业均位列全球 500 强。

在应用领域，我国形成了全球最大的移动互联网应用市场。全球十大互联网科技公司中，中美企业平分秋色。我国互联网企业正大规模走出去，将中国模式推介到全球，在国际互联网领域的影响力越来越大。

在制造领域，我国一批通信设备制造企业成长为世界级领先企业，华为高居全球通信设备制造商榜首，中兴位居全球第四；我国通信设备制造产业规模雄冠全球，移动通信基站、智能手机产量位居全球第一；全球前十大智能手机企业中，我国占据了 7 席……在移动通信设备制造领域，"Made in China"撕掉了低质、低价的标签，成为中国高科技产品的亮丽名片。

图 2-15　通信领域首个国家科学技术进步奖特等奖

2017 年 1 月 9 日，"第四代移动通信系统（TD-LTE）关键技术与应用"项目荣获 2016 年度国家科学技术进步奖特等奖（见图 2-15）。这是我国通信领域首次获得国家科学技术进步奖特等奖。这一殊荣的背后，是我国拥有自主知识产权的通信国际标准从 3G 时代国内市场"三分天下有其一"到 4G 时代占据全球半壁江山的伟大跨越，是我国移动通信行业从跟随到突破直至同步世界一流水平的历史性转折。

"要紧紧牵住核心技术自主创新这个'牛鼻子',抓紧突破网络发展的前沿技术和具有国际竞争力的关键核心技术,加快推进国产自主可控替代计划,构建安全可控的信息技术体系。"2016 年 10 月,在中共中央政治局第三十六次集体学习中,习近平总书记的这番话振聋发聩。

所有参与、见证 TD-LTE 发展的人士都深知,中国的移动通信取得今日的成就,背后的原因值得深思。

一是频谱匮乏时代,TD-LTE 技术优势突出。全球已进入无线宽带时代,频谱缺口巨大。因此,TD-LTE 能够高效利用非对称频率,具有适用于移动互联网上下行不对称数据流量的优势,为世界移动通信的可持续发展贡献了中国方案、中国智慧。

二是政府统筹有力,充分发挥国家整体优势。面对稍纵即逝的战略机遇,发挥国家整体优势,"集中力量办大事"成为必然选择。TD-LTE 是我国创新驱动发展的典型案例,得到了中央的高度重视、工信部等相关部委的联动扶持、各级地方政府的大力支持以及全产业的协力推进。2007 年 11 月,TD-LTE 被正式写入 3GPP 标准,12 月召开的国务院常务会议审议并原则通过了"新一代宽带无线移动通信网"国家科技重大专项实施方案,TD-LTE 被列入其中。同时,国务院专门建立了由科技部牵头,财政部、国家发展改革委等相关部门参加的国家科技计划(专项、基金等)管理部际联席会议制度,为 TD-LTE 产业化提供相应的政策和资金支持。2008 年 3 月,刚刚组建的工信部牵头成立了覆盖 TD-LTE 产业链各环节的 TD-LTE 工作组,有序推进 TD-LTE 产业化。统计数据显示,2008—2013 年,国家财政对 TD-LTE 投资超过 40 亿元。从加强顶层设计到协调关键资源,从重大专项支持到保障网络建设施工，如果没有这些有利的政策和市场环境，就没有 TD-LTE 今日的市场化成功。

三是市场牵引拉动，运营主导协同创新。创新的主体是企业。在 TD-LTE 的发展过程中，中国移动等通信企业充分发挥市场牵引作用，探索了一条"从标准到产品、从设备到组网、从技术到应用、从分散产业链到完整产业链"的协同创新路径，不仅激发了本土企业的技术创新热情，而且吸引了全球有实力的企业对中国 4G 的支持。

四是国际化的视野，开放合作的理念。吸取 3G 发展的教训，从 TD-LTE 诞生的第一天起，我国通信行业就确立了"融合发展、同步发展、国际化发展"的目标，以国际视野、开放姿态，积极与国际主流技术融合，并创立了首个由中国主导的国际通信组织 GTI（Global TD-LTE Initiative，TD-LTE 全球发展倡议）。如今，TD-LTE 已经成为全球 TDD 技术共同演进的方向，我国也成为全球最大的 TDD 研发与产业基地，为在 5G、6G 等后续标准的竞争中抢占先机赢得了更多可能。

（三）中国 5G 让全球瞩目

从 1G 到 4G 的全球竞争格局让我们看到，移动通信领域的主导国家、领先国家将获得非常可观的收益，这不仅体现在可以产生巨大的经济价值，带来大量的就业岗位，而且体现在能够于未来的技术创新与迭代中获得先发优势，赢得"游戏规则"的制定权。5G 时代又将是怎样的一幅图景？

技术制高点的全球大竞争

近 300 年来，从"蒸汽革命""电气革命"到"信息革命"，每一次工业革命都极大地解放了生产力，推动人类社会发生了翻天覆地的变化，并深刻改变了全球政治、经济格局。相应地，每一次工业革命的引领者都成了当时的全球旗舰，而那些抓住工业革命机遇、奋力追赶工业革命发展的国家也在全球资源与利益的分配中取得了优势地位。

第四次工业革命近在眼前，或许就在 2030—2050 年全面到来。华为创始人任正非在接受媒体采访时，用"恐怖"二字来形容这次革命，"这二三十年，人类一定会爆发一场巨大的革命，这个革命的恐怖性人人都看到了，特别是美国看得最清楚"。

历史显示，每一次工业革命中都会出现一个或几个撬动全球变革的基础性创新技术成果，例如蒸汽机、内燃机、发电机、无线电、计算机……第四次工业革命的基础核心技术是什么？人工智能，大数据，云计算，5G，智能制造，工业互联网，新材料，新能源……还是其他什么？

2017 年 6 月，日本发布《科学技术创新综合战略 2017》，明确提出未来 5 年最重要的战略目标是实现超级智能社会"社会 5.0（Society 5.0）"，要把日本建成世界领先的超级智能社会。

2017 年 11 月，英国发布《产业战略：建设适应未来的英国》报告，明确了英国未来将面临的 4 项重大挑战——人工智能是其中之一。

2018 年 9 月，德国联邦政府出台《高科技战略 2025》，意在加大促进科研和创新的力度，加强德国的核心竞争力。

2019 年 2 月，美国白宫科学与技术政策办公室发表文章《美国将主宰未来的工业》，明确了未来发展的四大重点领域——人工智能、先进的制造业技术、量子信息科学和 5G 技术。

…………

虽然各国、各领域对第四次工业革命的核心技术看法不一，但基本达成了一项共识——第四次工业革命将是一次深入各个领域的智能革命，而高速、高效、高可靠的信息基础设施将构建这次智能革命的"神经网络"，是智能社会整体架构的底层基础。

人工智能、大数据、云计算、智能制造、工业互联网、新材料、新能源等，都离不开网络，离不开连接，离不开高速、移动、安全、泛在的新一代信息基础设施，因此，5G被视为开启第四次工业革命的钥匙和第四次工业革命的奠基石。

全球化大势下，谁想引领第四次工业革命的发展，掌握世界变局的主动权，谁希望抓住第四次工业革命的机遇，分享智能时代的红利，谁就不能不重视移动通信，不能不重视5G。5G由此成为全球主要国家奋力抢占的战略制高点，成为各国科技交锋的先手棋。

那么，全球5G技术及产业格局究竟如何？美国国防部报告认为，中国、韩国、美国、日本是5G"第一梯队"，英国、德国、法国位居"第二梯队"，新加坡、俄罗斯和加拿大构成"第三梯队"。那么，中国5G究竟有哪些优势？

中国5G优势尽显

善谋者行远，实干者乃成。

历经3G、4G的磨砺，我国高度重视移动通信行业的价值。在欧盟于2012年年底率先启动5G预研项目后不久，2013年2月，我国正式成立IMT-2020（5G）推进组，统筹我国5G发展全局，协调推进全球5G标准统一。

同年4月19日，推进组第一次会议在北京召开。工信部向推进组专家颁发聘书，聘请中国工程院院士邬贺铨为顾问，聘请时任工信部电信研究院院长的曹淑敏为组长 [现任 IMT-2020（5G）推进组组长为中国信息通信研究院副院长王志勤]。

推进组第一次会议召开的次日，信息通信全行业立即全力投入四川雅安芦山 7.0 级地震的抗灾保通信之中。广大通信人搏命奋战在抢险救灾一线的同时，通信科技工作者正拼力争胜 5G 的未来。在国家的强力支持下，政产学研用各界携手创新突破，我国在 5G 技术及产业的多个领域进入全球第一阵营。

中频段频谱优势

无线通信中，最重要、最核心、全球争夺最激烈的战略资源就是频谱资源。每一代移动通信技术的创新无不以提高频谱资源利用率为目标。同样，频谱在 5G 的技术创新、网络运营、产业发展中也发挥着关键作用。

目前，全球相关国家和地区部署、分配 5G 新频谱主要有两个方向。一是重点发展 6 GHz 以下频段的 5G 产业，我们称该频段为中频段，即"Sub-6"，主要是在 3 ～ 5 GHz。二是重点发展 30 ～ 300 GHz 的高频段 5G 产业，我们称该频段为"毫米波"。

就 5G 功能实现而言，Sub-6 与毫米波各有所长。Sub-6 的波长较长，虽然该频段可实现的峰值速率低于 10 Gbit/s，不如毫米波，但其穿透障碍物的能力较强，可以提供比毫米波更宽、更广的区域覆盖效果。因此，与毫米波相比，实现相同的网络覆盖范围和性能，Sub-6 所需的基站较少，这就意味着投入的资金较少，可利用现有 4G 基站，迅速面向 5G 三大应用场景建设网络。毫米波的波长较短，可在数据传输中实现较高速度、较低时延，能在特定条件下提供极高速的连接。5G 应用中，高达 20 Gbit/s 的峰值速率只有在毫米波的高频段才能实现，面向工业互联网等垂直领域的 5G 应用需要毫米波的支撑。此外，毫米波频段的带宽较为充裕，频谱干净，干扰相对较少。毫米波 5G 设备也比 Sub-6 5G 设备小，可以更紧凑地部署在无线设施上。

由于高频段频谱资源被占用，我国把 5G 发展的重心聚焦于 Sub-6。2017年 11 月 9 日，工信部宣布，规划 3300 ～ 3600 MHz、4800 ～ 5000 MHz 的频段作为 5G 系统的工作频段，其中 3300 ～ 3400 MHz 的频段原则上仅限室内使用。由此，我国成为全球第一个发布 5G 系统在中频段频率使用规划的国家。随后，2018 年 12 月 10 日，工信部向中国电信、中国移动、中国联通发放了 5G 系统中低频段试验频率使用许可。我国产学研用相关组织、企业充分发挥协作创新精神以及在全球信息通信业的影响力，推动中频段 5G 基站的成熟商用，并使其时间提早了一年，中频段 5G 产业生态加速成熟。

中频段 5G 由于在信号传播和建网成本方面具有优势，其在全球的"朋友圈"越来越大。我国力推的中频段 5G 产业逐渐成为国际主流，特别是中频段 5G 系统设备、终端芯片、智能手机位居全球产业第一梯队。

标准专利优势

3G、4G、5G，起步、起跑、起飞，这就是我国在移动通信标准领域的三级跳。2015 年 10 月，ITU 2015 年无线电通信全会在瑞士日内瓦召开。在此次大会上，我国提出的"5G 之花"标准（见图 2-16）中，9 个技术指标有 8 个被 ITU 采纳。此后，我国通信企业提出的灵活系统设计、极化码、大规模天线和新型网络架构等关键技术成为国际标准的重点内容，我国的技术专家开始在 ITU、3GPP 等国际标准组织担任多个重要职务，并主持关键项目的相关工作。

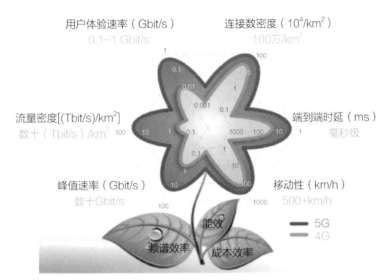

图 2-16 中国提出的"5G之花"标准［根据《IMT-2020（5G）推进组 5G 愿景与需求》白皮书中的图修改］

　　随后，我国 5G 一路奔跑，在标准专利领域快速成长。国际知名专利数据公司 IPLytics 发布的 5G 专利报告显示，截至 2020 年 1 月，中国企业申请的 5G SEP 件数位居全球第一，占比 32.97%。其中，华为名列申请企业第一。

　　SEP，也就是专利中的"杀手级"专利。拥有 SEP 的企业，可以收取专利费，以更低的成本研发基站、手机等通信设备和终端，还可以通过交叉授权免费使用其他企业的专利技术。换句话说，SEP 就意味着财富、实力和行业话语权。谁拥有的 SEP 越多，谁就越有可能成为市场的领导者。

技术优势

　　从标准化到产业化，这是 5G 商用的必经之路，我国有被"卡脖子"的"芯绞痛"，也有底气十足的"拿手活"。目前，我国 5G 产业已实现多项硬核技术的领先，有些技术在全球领先 1～2 年。

——5G基带芯片领先

业界认为，手机基带芯片水平是移动通信领域最核心的技术指标之一。华为巴龙5000是目前性能最全面的多模商用5G基带芯片，同时支持2G/3G/4G/5G网络，Sub-6、毫米波，NSA（5G非独立组网）和SA（5G独立组网），而且符合3GPP R15标准的要求。华为MateX手机使用了巴龙5000芯片，是第一款真正意义上的全球通用5G手机（见图2-17）。

图2-17 搭载了麒麟980处理器+巴龙5000 5G芯片的华为折叠屏手机MateX

巴龙5000采用7纳米工艺，体积小，易于集成到手机等5G终端设备上。它最特别的是，芯片上除移动通信模块外，还搭载了面向物联网等垂直行业的模块，可满足5G未来面向物联网、车联网等领域的需求。

——Massive MIMO技术领先

Massive MIMO（大规模天线）技术是5G定义的空中接口技术，可极大扩展设备连接数和数据吞吐量，使单基站能够容纳更多的用户连接，解决运营商面临的站址紧张、深度覆盖难等问题。

华为和中兴是Massive MIMO技术的领导者，在该领域领先其他企业两年左右。2019 年 1 月，华为正式发布了全球首款 5G 基站核心芯片——华为天罡，在集成度、算力、频谱带宽等方面都取得了突破性进展。

——上下行解耦技术领先

针对 5G 网络 C 波段上行覆盖不足的难题，华为于 2017 年 6 月在业界首次提出了创新的频谱使用技术——上下行解耦技术。该技术突破了上下行绑定于同一频段的传统限制，可有效改善上下行不平衡的问题，帮助运营商在 C 波段实现 5G 与 4G 的共站共覆盖，有效节省建网成本，大幅提升边缘用户体验。目前，该技术已被纳入 3GPP R15 标准。

——Polar码应用领先

在无线通信核心技术之一——信道编码领域，之前我国一直没有发言权，即使在我国处于主导地位并大放异彩的 4G 时代也是如此。5G 时代来临，全球各大阵营就信道编码标准展开了激烈竞争。以法国为代表的欧洲公司支持 Turbo 码，美国高通支持 LDPC（Low Density Parity Check，低密度奇偶校验）码，我国华为等公司主推 Polar 码（极化码）。LDPC 码和 Polar 码都是逼近香农极限的信道编码。Polar 码是目前能够被严格证明达到香农极限的信道编码方法，可大幅提高 5G 编码性能，降低设计复杂度。

2016 年 11 月 18 日，3GPP RAN1 第 87 次会议在美国内华达州里诺召开，经过激烈讨论与博弈，确定了 5G eMBB 场景的信道编码技术方案——Polar 码作为控制信道的编码方案，LDPC 码作为数据信道的编码方案。这是我国在信道编码领域的首次突破，为我国在 5G 标准中拥有更多话语权奠定了基础。

——5G核心网领先

2017 年 6 月，3GPP 正式确认 5G 核心网采用 SBA（Service Based

Architecture，服务化架构）作为统一的基础架构，也就是 5G 核心网唯一
的基础架构。中国移动牵头，联合全球 14 家运营商及华为等 12 家网络设
备商提出 SBA，这是中国人首次牵头设计移动网络的系统架构。3GPP 将
SBA 确定为 5G 核心网的唯一基础架构，这也是 5G 系统架构标准化立项以
来我国取得的重要进展。基于 SBA，华为、爱立信、诺基亚、中兴等全球主
要通信设备制造商纷纷推出 5G 核心网方案，其中华为率先推出了业界首个
满足 3GPP 最新标准的 5G 核心网解决方案，使网络切片这一全新商业模式
成为可能，推动 5G 业务领域拓展至垂直行业市场。

产业生态优势

在 5G 产业化方面，"中国力量"表现突出，"中国速度"全球瞩目。

——系统和终端领域

华为自 2009 年起着手 5G 研究，已累计投入约 20 亿元用于 5G 技
术与产品研发，目前已具备从芯片、产品到系统组网全面领先的 5G 能
力，是目前全球屈指可数的、能够提供端到端 5G 商用解决方案的通信
企业。

中兴聚焦以 5G 为核心的技术领域，5G 专利申请超过 3500 件。中兴
具备完整的 5G 端到端解决方案的能力，覆盖欧洲、亚太等主要 5G 市场，
稳居 5G 第一阵营。

——网络和应用领域

在 1 年时间内建成全球最大的 4G 网络；在 5 年多时间内 4G 用户突破
12 亿，用户月均移动互联网接入流量达到 7.32 吉字节……

我国通信领域创造的"中国速度"令全球惊叹。同样的故事在 5G 时代
再次上演。

早在 2016 年，我国就启动了面向商用的 5G 技术研发试验，分关键技术试验、技术方案测试、系统测试 3 个阶段推进 5G 产业成熟。2019 年 1 月 23 日，IMT-2020（5G）推进组召开 5G 技术研发试验第三阶段总结会：5G 基站与核心网设备均可支持非独立组网和独立组网模式，主要功能符合预期，达到预商用水平。

就在技术专家甘居幕后、奋力攻关时，2018 年 8 月，中国电信、中国移动、中国联通面向全国多个城市开展了 5G 规模试验，一场 5G 网络建设与应用创新的"攻坚战"在以三大电信运营企业为主导的产业链间打响并迅速升级。

中国移动打通全球首个基于 5G 独立组网系统的全息视频通话！中国联通打通全球首个室内数字系统 5G 电话！中国电信打通全球首个基于 5G 独立组网系统的语音通话！

············

依托全球最大的移动通信市场、全球最大的 4G 基础网络以及实力强劲的移动互联网应用生态，我国的 5G 规模测试和应用示范成效惊人。

一切准备就绪！中国 5G 新时代即将开启。

（四）5G 将创造无限可能

5G 全球竞速从未停歇！

自 2019 年 4 月起，韩国、美国、瑞士、英国等先后开通 5G 商用服务。颇具戏剧性的是，当地时间 2019 年 4 月 3 日 23 时，为了赶在美国之前争夺 5G 全球商用第一名，韩国临时决定将原本于 4 月 5 日启动商用的计划提前，启动时间仅仅比美国快了 1 小时，这是在 3G、4G 时代都不曾出现过的局面。据 GSMA（Groupe Speciale Mobile Association，全球移动通信系统协会）预测，到 2021 年年底，5G 将覆盖全球 1/5 的人口；到 2030 年，5G 将令全球信息通信行业每年产生 7000 亿美元的收入。

在西方发达国家争相抢着进入 5G 商用第一阵营之际，中国开始发力。

2019 年 6 月 6 日，工信部正式向中国电信、中国移动、中国联通、中国广电颁发了基础电信业务经营许可证，批准这 4 家企业经营"第五代数字蜂窝移动通信业务"。中国的 5G 时代正式开启！

从牌照发放到正式商用，仅仅用了 5 个月的时间。

2019 年 10 月 31 日，在 2019 年中国国际信息通信展览会开幕式上，中国电信、中国移动、中国联通、中国铁塔共同参加了 5G 商用启动仪式，携手迈进 5G 商用时代，开启了通信行业高质量发展的新篇章。

此前，其实中国电信、中国移动、中国联通已经展开了 5G 市场化的初步运营，分别推出了颇具深意的商业标识（见图 2-18）。

图 2-18　中国电信、中国移动、中国联通的 5G 标识

网络建设全球领先

商用按钮启动后，我国 5G 发展开启"加速度"。

在国家的高度重视和各级政府的大力推动下，在产业链的协力攻坚以及社会各界的关心支持下，我国 5G 极速前行，在网络建设、终端创新、应用拓展、用户拓展等方面均取得显著成效。

首先，网络建设加速。5G 发牌后 1 年多时间，我国就建成了全球最大、技术先进的 5G 网络。截至 2020 年年底，中国已经建成开通 5G 基站超过 71 万个，5G 终端连接数突破 2 亿，实现全国所有地级以上城市全覆盖。同时，中国建成了全球最大的共建共享 5G 网络，这是中国 5G 网络建设最具特色的创新模式。据统计，中国电信与中国联通通过 5G 网络共建共享 5G 基站超 30 万个，节省建设投资超 600 亿元。预计 2021 年年底，中国 5G 基站将超过 120 万个，在实现地级以上城市深度覆盖的基础上，加速向有条件的县镇延伸。

同时，5G 建设连破纪录。面对来自环境、体力、技术上的世界级挑战，通信建设者克服重重困难，在珠穆朗玛峰建设了 5G 基站，为珠穆朗玛峰登山、科考、环保监测、高清直播等提供了有力的通信保障（见图 2-19）。2020 年 5 月 27 日 11 时，2020 珠峰高程测量登山队成功登顶珠峰，登顶测量的高清视频画面通过中国移动 5G 网络与全世界实时共享。登山队员在珠穆朗玛峰峰顶通过中国移动 5G 网络拨通了电话，并表示"峰顶的 5G 信号特别好"。此前，中国移动在珠穆朗玛峰海拔 5300 米、5800 米、6500 米 3 个阶梯营地新建了 5 个 5G 基站，5G 信号首次覆盖珠穆朗玛峰峰顶。"即使是冰冷与死亡的威胁也无法阻止中国移动和华为展示其 5G 力量……"，英国知名电信网站 Totaltele 认为，"似乎只有天空才是中国 5G 的极限"。

5G 登上珠穆朗玛峰（视频）

图 2-19　通信建设者实现了 5G 信号对珠穆朗玛峰峰顶的覆盖（李瑞伟 摄）

　　在中国 5G 创造最高建设标杆的同时，也在不断刷新最深建设的纪录。2020 年 6 月 5 日，在地处山西吕梁山深处的庞庞塔煤矿，覆盖 100 多千米巷道的煤矿井下商用 5G 专网基本建成，中国联通的 5G 基站深入井下 800 米，再创纪录。

一图读懂 5G 智慧矿井的运行

美丽明珠，璀璨南疆，是祖国母亲最远的惦念。2019年4月、7月，中国移动、中国电信的5G基站先后登陆三沙。中国电信三沙永暑礁5G基站开通时的情景见图2-20。

图2-20 2019年7月24日，中国电信三沙永暑礁5G基站开通

其次，终端发展加速。截至2020年年底，获得入网许可的5G手机终端数量已经从2019年年底的39款增加到250款以上，5G手机的价格也快速下降，销售价格为千元左右的5G手机（如图2-21所示的Redmi K30 5G版手机）开始面市。同时，商用的5G专业模组

图2-21 中国移动和小米公司联合推出的国内第一款千元5G手机——Redmi K30 5G版

也已推出，可以支持5G 8K电视、5G工业生产线、智能交通等多个行业应用。2020年，我国国内手机市场5G手机累计出货量达1.63亿部，占同期手机出货量的52.9%。

最后，应用拓展加速。超大带宽、超低时延、超广连接，5G的特性决定了其用武之地不仅在于人与人的连接，更聚焦人与物、物与物的连接，有望助力更多的智慧应用从梦想接入现实。当前，5G的多项场景已经投入

应用，特别是超高清视频、云游戏、AR、VR 等消费领域应用如火如荼，
"5G+"在诸多重点领域的试点示范颇具成效。

赋能千行百业　造福社会大众

　　5G 技术逐渐深入各行各业，融合创新应用层出不穷，赋能传统产业、
拓展新兴业态，成为产业转型升级的加速器、数字社会建设的新基石。特别
是在"5G+ 工业互联网"领域，我国高质量推进网络关键技术产业能力、创
新应用能力和资源供给能力的提升，取得积极成效。2021 年，我国"5G+
工业互联网"已经形成协同研发设计、远程设备操控、设备协同作业、柔性
生产制造、现场辅助装配、机器视觉质检、设备故障诊断、厂区智能物流、
无人智能巡检、生产现场监测这十大典型应用场景，在建项目超过 1500 个，
覆盖 20 余个国民经济重要行业，在实体经济数字化、网络化、智能化转型
升级进程中发挥了重要作用。此外，"5G+ 智慧医疗"在 19 个地区的 60 多
家医院上线使用；"5G+ 高清视频"应用于全国两会、央视春晚、体育赛事
等重大会议和活动直播；"5G+ 智慧矿山""5G+ 智慧工厂""5G+ 智慧港
口""5G+ 智慧交通""5G+ 文化旅游"等新模式新业态不断涌现。

图 2-22　5G 无人驾驶智慧矿车（郑
智军 摄）

　　"5G+智慧矿山"　在全球最大的稀土
矿 ——白云鄂博矿区，大型矿用车辆（见
图 2-22）忙碌地来回穿梭。这里有高 6.8 米、
载重 170 吨的矿卡，也有长 13.5 米、宽度近
8 米、重达 150 吨的电铲车。令人叹为观止的
是，这些"巨无霸"里没有任何驾驶人员，前
进、后退、转弯、装卸，都由车辆"自主"
完成。指挥这些"巨无霸"的，正是"5G

智慧矿车无人驾驶"应用。全面实现主矿区无人驾驶后，负责开发的包钢集团在人员、能源、耗材等方面，每年将降低成本约 3000 万元；同时，在智能化管控下，矿区综合效益将提升 10% 以上，直接及间接为企业增收近亿元。

"5G+智慧工厂" 国内领先的汽车铝合金精密压铸件专业制造商——宁波爱柯迪公司的车间有一个巨大的无人仓库，内有 1.5 万个仓位和 8 条进出轨道，里面没有一盏照明灯，一台台 AGV（Automated Guided Vehicle，自动导引车）负责把零部件准确地运到仓位上。有了 5G 网络，数据实时上传，机器自动运行，不需要人为干预，"黑灯工厂"成了现实。2020 年，面对全球蔓延的新冠肺炎疫情，制造业的很多企业遭遇生产难题，但爱柯迪公司的各项运营指标逆势上涨，正是引入 5G 带动了智能制造，让其转型升级实现了弯道超车。

5G 赋能智慧工厂
（宁波爱柯迪案例
视频）

"5G+智慧港口" 2019 年 4 月，宁波舟山港与中国移动合作，在梅山港区率先打造了 5G 轮胎式龙门吊远控应用，实现了龙门吊 16 路高清视频实时回传和远程控制。实现 5G 远控后，以前长时间、高强度现场工作的龙门吊司机坐在办公室里远程操作手柄，就可以实现精准高效地抓取集装箱。统计数据显示，通过引入 5G 轮胎式龙门吊远控等"5G+ 智慧港口"应用，作为目前全球唯一年货物吞吐量超 11 亿吨的超级大港，宁波舟山港梅山港区的综合人力成本降低了 50% 以上，设备改造成本降低了 20% 以上，港口无人化水平得到了极大的提升。

5G 赋能智慧港口
（宁波舟山港案例
视频）

"5G+智慧交通" 2019 年 5 月，全球首条 5G 无人驾驶公交线路在全长 1.53 千米的郑州智慧岛内环公交环线开放道路上运行。这条公交环线上先后建设开通了 31 座 5G 基站、1000 Mbit/s 互联网专线及 33 条环岛监控光纤，并对盲区预警、行人避让、智慧灯杆、公交站台等 30 个点位开展专项优化，有效增强了无人驾驶车辆的智能性，让投入运营的自动驾驶巴士真正实现了落地运营。

"5G+文化旅游" 2019 年，杭州良渚古城遗址"申遗"成功，一时间，全国各地的游客纷至沓来，竞相参观。在良渚古城遗址公园 1 号讲解厅内，基于 5G+AR 技术的"魔镜"通过红外深度摄像头，可以识别人体姿态，为真实的人穿上虚拟的服饰。游客们兴高采烈地在"魔镜"前挥一挥手，即刻就能化身为 5000 年前头戴羽冠、身披长袍的良渚首领。

"5G+智慧医疗" 你可曾想过眼底手术这样精密的治疗可以远程操作？在 5G 技术的支持下，基于中国移动与北京协和医院共同搭建的远程医学中心平台，北京协和医院眼科主任陈有信远程实时了解患者病情，进行精准诊疗（见图 2-23），并成功地为协和医院对口支援的平谷区医院的患者进行了远程手术治疗。这是全球首例 5G 远程眼底靶向导航激光手术治疗，开创了眼底疾病远程治疗的新模式，不仅实现了高清音视频实时交互，还进行了患者荧光造影、OCT 影像等数据的实时调阅及激光光凝仪的远程实时操控。

图 2-23　北京协和医院眼科主任陈有信在远程诊疗中

战"疫"初露锋芒

2020 年伊始，一场突如其来的新冠肺炎疫情突袭全球。在党和政府的领导下，全国人民打响了一场疫情防控阻击战。其中，以 5G 为代表的科技力量全力以赴投入这场战斗，通过"云抗疫""云课堂""云会议""云签约""云采访"等构建起新的社会循环体系，展现出了令人称叹的战斗力。

2020 年 2 月，4 台 5G 智能医护机器人（见图 2-24）在武汉协和医院、同济天佑医院正式上岗。其中，5G 智能医护服务机器人在医院大厅导诊、宣传防疫知识；5G 智能医护消毒清洁机器人在病区进行医药配送、地面消毒清洁工作，助力病区医护人员减少交叉感染，提升了病区的隔离管控水平。

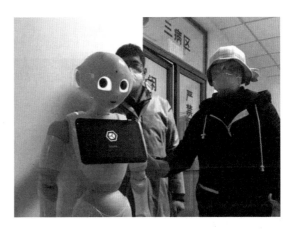

图 2-24　战斗在重症"红区"的 5G 智能医护机器人

在车站，5G 防疫机器人（见图 2-25）自主巡逻，通过装载的热成像测温设备对流动旅客进行移动测温，并可发出高温报警。同时，5G 防疫机器人通过高清摄像机可对未戴口罩的旅客进行实时提醒。

图 2-25　在车站工作的 5G 防疫机器人

还记得那场超过 1 亿人的 5G"云监工"吗？雷神山！火神山！我们恐怕从未如此挂念过哪座医院的建设。仅用几天时间，中国电信、中国移动、中国联通奋战在武汉抗疫保通信一线的建设者们，在雷神山、火神山医院建设区域建起了 5G 网络，央视、人民网等多家媒体借助 5G 网络开通建设现场实时直播（见图 2-26），超过 1 亿人通过直播平台"云监工"，见证了"基建狂魔"的中国速度。

图 2-26　5G 慢直播，见证中国速度

2020 年 2 月 27 日 15 时，武汉雷神山医院专家团队依托中国联通的 5G 网络，使用远程 CT 协作及 MDT 专家会诊平台，分别与上海复旦大学附属中山医院葛均波院士、广州中山大学附属第一医院谢灿茂教授、北京清华长庚医院陈旭岩书记连线进行了对新冠肺炎危重患者的 5G 会诊（见图 2-27）。一个 CT 医学影像的文件小则数百兆字节，多则几吉字节，传输过程中任何一帧画面的丢失，都可能造成误诊或漏诊。在 5G 技术的支持下，会诊视频图像和 CT 文件都非常清晰准确，没有出现卡顿和延迟。

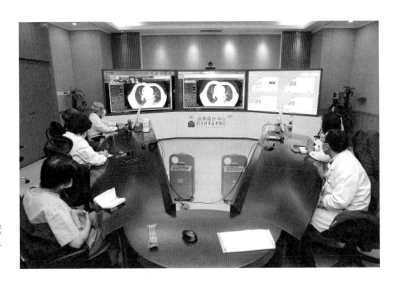

图 2-27 为新冠肺炎危重症患者进行 5G 会诊

迎接未来无限可能

作为"新基建"之首，5G 受到党中央、国务院的高度重视。国家多次强调，要加快 5G 网络、数据中心等新型基础设施建设进度。中国 5G 的发展，网络是基础，融合是关键，合作是潮流，应用是根本。建设和发展好5G，绝不仅仅是电信运营企业一个环节的事情，而是全产业链、全社会的共同责任。

中国信息通信研究院的相关报告预测，2025 年，5G 将拉动中国经济增加值约 1.1 万亿元，对当年 GDP 增长的贡献率达 3.2%，间接拉动的 GDP 将达到 2.1 万亿元；2030 年，预计 5G 对经济增加值的贡献将超过 2.9 万亿元，10 年间的年均复合增长率将达到 41%，间接经济增加值贡献进一步增长至 3.6 万亿元，10 年间的年均复合增长率为 24%。随着商用的推进，5G这个数字经济时代的发展新引擎，不仅将给信息通信业开启新的发展空间，还将与实体经济深度融合，赋能各行各业，支持智慧工厂、智慧医疗、智慧交通、现代农业、智慧能源等相关领域的智能应用突破。

　　未来，5G 究竟能给社会带来怎样的改变？中国 5G 将给世界发展带来怎样的贡献？"万物智联"将引导人类社会进入怎样的阶段？我们充满了期待。

　　正如 2G、3G、4G 时代一样，我们的每一次预测都显得那么缺乏想象力。但我们知道，面向万物智联新时代，5G 的产业链将不再是局限于信息通信业的小产业链，而是延伸至社会各行各业的大产业链；5G 的生态圈也将不再是局限于系统、终端、个人应用等的小生态圈，而是涵盖社会发展各领域的大生态圈。突破跨行业的思维壁垒、信息壁垒、信任壁垒，需要大联合、大协作，一起迎接 5G 时代给我们带来的惊喜吧！

二、光耀世界

这是一根神奇的透明玻璃棒（见图 2-28），长 3 米、直径 210 毫米，通过专用的仪器和工艺，可以拉长约 280 万倍，"变成"长达 8500 千米的光纤，比地球的半径还长。而每根细如发丝的光纤，可供成千上万人同时通话，是所有现代通信方式得以实现的基础"原力"。

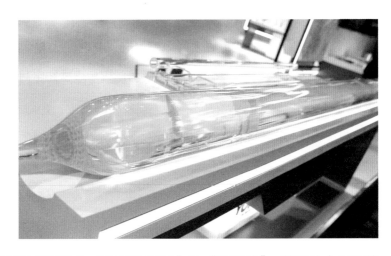

图 2-28　可拉出 8500 千米光纤的神奇玻璃棒，由中国长飞公司制造

然而，就是这根被称为"光纤预制棒"的"透明棒"，曾经让中国通信人分外焦虑，产不出、引不进，"透明棒"成为某些国家以技术霸权压制中国信息通信业发展的"狼牙棒"。

核心技术是买不来的，更是求不来的！华山一条路，我们可以选择的唯有自主创新。历经 40 余年艰辛而精彩的创新积累，如今这根"透明棒"成了中国信息通信业扬眉吐气、挥洒自如的"金箍棒"。

截至 2020 年年底，我国已经成为全球最大的光纤预制棒生产国，光棒自给率超过 90%；成为全球最大的光纤光缆制造国，年产量占全球产量的

50% 以上，打造了长飞、亨通、烽火通信、富通、中天等一批全球知名的光纤光缆制造企业；建成全球规模最大的光纤网络以及全球规模最大的超高速 100 Gbit/s、200 Gbit/s 光纤骨干网络，行政村通光纤比例超过 99%，百兆光纤用户占比达 90%。

从黑暗中艰难摸索到在微光中执着前行，中国光纤通信一路披荆斩棘、乘风破浪，迅速成长。而今，光耀世界！

（一）"光纤之父"的创世发现

"光纤通信是第二次世界大战以来最有意义的四大发明之一。如果没有光纤通信，就不会有今天的互联网和通信网络。"全球知名科普期刊《科学美国人》如是评价。

光纤，这个人类通信史上划时代的发明，与一位华裔科学家密不可分。

1933 年，上海法租界，一个还算富裕的家庭迎来了一个新生命。这是个从小就颇喜欢科学研究的调皮男孩，在家里用红磷粉、氯酸钾、泥巴混合制作"土炸弹"是他童年的恶作剧之一。他就是后来名震世界的华人科学家高锟。

1948 年，高锟随家人移居香港，中学毕业后考入香港大学。为入读心仪的电机工程系（当时香港大学没有电机工程系），1954 年他又前往英国东伦敦伍尔维奇理工学院（现英国格林尼治大学）进修，毕业后进入国际电话电报公司工作，同时在伦敦大学学院攻读电机工程博士学位，于 1965 年毕业。

1963 年，高锟开始了对玻璃纤维的研究：能不能用玻璃纤维传送激光信号，从而代替用金属电缆传输电信号的通信方式呢？

其实，早在 20 世纪 30 年代，科学家已经发明了玻璃纤维，也曾经设想用玻璃纤维传递信息。在玻璃丝中用光传递信息？听上去让人难以置信。然而，科学总是给我们带来惊喜。

人们在对光的研究中发现，光在不同介质中传输时，在一定条件下会产生一种叫作"全反射"的特殊现象（见图 2-29）。1870 年的一天，英国物理学家约翰·丁达尔在英国皇家学会的演讲中演示了这一现象：在装满水的木桶上钻个小孔，然后用灯从桶的上面把水照亮，结果令人大吃一惊——水流带着光从小孔中流出，水流怎么弯曲，光线就怎么弯曲。

图 2-29　光的全反射现象

从实验可见，利用全反射现象可以让光沿着一定的通路传输。科学研究确认，发生全反射有两个必要条件，一是光从光密介质进入光疏介质；二是入射角大于临界角。根据这个原理，就可以让光在光导纤维（如玻璃、塑料等）中传输了。

1966 年，高锟和何克汉联合发表论文《光频率介质纤维表面波导》，首次明确提出了用石英玻璃纤维传送光信号进行通信的思路和技术路径，指出光在石英玻璃纤维中进行远距离传输的关键是提高传输介质的纯度，推算出石英玻璃纤维有可能把光纤损耗降低到 20 分贝 / 千米（光纤损耗指光信号的功率传输每单位长度衰减的程度，损耗降低到 20 分贝 / 千米以下才能满足长距离通信的基本要求）。

这是世界光纤通信史上里程碑式的成果，最终促使光纤通信系统成功研发，并带来了引发人类信息革命的互联网大爆发。后来高锟（见图 2-30）被世人誉为"光纤之父"。

图 2-30 高锟在做光纤实验

相比铜芯电缆，光纤通信具有五大明显优势。一是带宽大，传输速率快，因为激光频率高，单根光纤的传输速率可达 1 Tbit/s（1 Tbit，万亿比特，1 Tbit=1024 Gbit）以上，是铜线传输速率的 10 万倍以上。二是传输距离远，在不使用中继器的情况下传输距离能达几十千米。三是抗干扰能力强，石英玻璃是绝缘材料，不易受外界电磁环境影响，也不容易被氧化、腐蚀。四是寿命长，性能可靠，维护成本较低。五是价格低廉、节约资源，制造石英玻璃纤维的原料是二氧化硅，就是沙砾的主要成分，在自然界可以说"取之不尽，用之不竭"，而电缆中铜导线的原料资源有限，而且价格相对昂贵得多。

高锟的研究成果可谓"点石成金"，引发了全球通信业的高度关注和跟进研究，这个一度曾被认为是"天方夜谭"的奇思妙想取得了一系列突破性的进展。

1970 年，美国康宁公司根据高锟的设想，通过 OVD（Outside Vapour Deposition，外部气相沉积）法研制成功光纤损耗约 20 分贝 / 千米的石英单模光纤。虽然康宁公司花费了约 3000 万美元，光纤也只有几十米长，但成功地验证了高锟的理论，引发了通信界的震动。同年，美国贝尔实验室成功研制出室温连续振荡的半导体激光器，比 1960 年梅曼发明的红宝石激光器体积小、耗电少，而且可用电流调制，为光纤通信提供了可用的光源。1972 年，康宁公司又把光纤损耗降低到 7 分贝 / 千米。

1973 年，美国贝尔实验室发明了 MCVD（Modified Chemical Vapor Deposition，改进的化学气相沉积）法制造光纤，将光纤损耗降低到 2.5 分贝 / 千米。

1976 年，美国首先在亚特兰大和华盛顿之间成功进行了传输距离达 10 千米的光纤通信系统现场试验，迈出了光纤实用化的第一步。

1977 年，美国在芝加哥两个电话局之间开通了世界上第一个使用多模光纤的商用光纤系统，传输距离达 7 千米，人类进入高速通信时代。

1984 年，法国率先建成了总长度达 1 万千米的光纤通信网，当时的法国总统弗朗索瓦·密特朗在爱丽舍宫用这个全新的网络与正在比亚里茨的法国邮电部负责人进行了 10 分钟的视频通话。

随后，全球多个国家和地区逐步建起光纤网络，"光进铜退"开启了世界通信发展史的新篇章，改变了整个人类文明的发展格局和战略高地。

2009 年 10 月 6 日，高锟因在光纤通信领域的突破性成就，与其他两名科学家一起获得了由瑞典皇家科学院授予的 2009 年诺贝尔物理学奖。诺贝尔奖评委会如是评价："光流动在细小如线的玻璃丝中，它携带着各种信息数据向每一个方向传递，文本、音乐、图片和视频因此能在瞬间传遍全球。"

高锟为中国科学事业的发展做出了积极贡献。1970 年，他加入香港中文大学，创办电子学系，并担任系主任；1996 年，当选为中国科学院外籍院士；同年中国科学院紫金山天文台将一颗国际编号为"3463"的小行星命名为"高锟星"。2010 年，高锟获得香港特别行政区大紫荆勋章。

2018 年 9 月 23 日，高锟逝世，享年 84 岁。此时，光纤光缆已经遍布全球，高山、深海、丛林、戈壁……无处不在，成为连接地球村每个角落的最重要的"神经网络"。

（二）光纤如何点石成金

信息社会，无论你是用手机发微信、点外卖、看导航，还是用计算机做工作、逛淘宝、看视频，或者在远洋用卫星电话向家人报平安、用对讲机和"驴友"商议探险路线，甚至操控家电、汽车……全都离不开光纤，因为所有通信方式的核心骨干网都由光网组成，而且移动通信基站之间也是由光网相连，卫星通信控制平台同样需要光网的支撑。

正如我国著名光纤通信专家、工信部通信科技委常务副主任韦乐平所言，"没有光网络的支撑，移动通信网、物联网、云计算、数据中心等都将不复存在"。可以说，光纤无处不在，只要你和其他人、其他实体进行通信、控制或联系，你就要用到光网。

那么，这个被诺贝尔奖给予高度评价的划时代发明——光纤究竟是如何传输信息，又是如何"点石成金"被制造出来的呢？

一般光纤由三部分组成，分别是纤芯、包层和涂覆层，最关键的就是纤芯和包层。纤芯和包层均由高纯度石英玻璃（二氧化硅）和少量掺杂剂构成。纤芯折射率较高，用来传送光信号。包层折射率较低，与纤芯一起形成全反射条件。涂覆层就是保护套，作用是保护纤芯，隔绝会引起微变损耗的外应力。

光纤通信原理并不算复杂，如图 2-31 所示。在光发送端，发射器将语音、数据或视频信息转换为电信号，然后用调制解调器"对应"到激光器发出的光束上，如果电信号发生变化，光信号就随之发生变化，随后带有信息的光波在光纤中传输，如果中途"能量"衰减，就由放大器负责补充能量。

在光接收端，检测器收到光信号后再调制解调为电信号，进而恢复出原始语音、数据或视频信息。

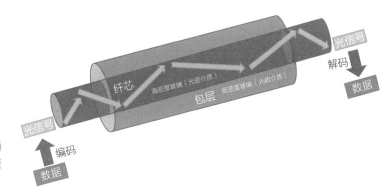

图 2-31 光纤通信原理示意（夏一凡 制作）

　　光纤的直径一般为几十微米，比人的头发丝还细，这么细的玻璃纤维是怎么制造出来的呢？其中的科技含量非常高！

　　光纤的制造分为制棒和拉丝两道工序，其中，制棒就是制造光纤预制棒。这种透明发亮的光棒（制造场景见图 2-32），主要成分是高纯度的石英玻璃，直径范围一般为几毫米至几百毫米。

图 2-32 制造光棒的场景

光棒是光纤制造中最核心、最重要的环节，被业内人士称为光纤通信产业"皇冠上的明珠"，贡献了光纤光缆产业链 70% 以上的利润。光纤预制棒制造的核心技术主要掌握在美国康宁、日本信越、日本住友电工等国际厂商的手中，我国长期以来一直依赖进口。到 2009 年，我国还有 70%～80%的光棒需要进口，国产光棒份额仅为约 20%，经过多年的技术突破，目前我国的光棒自给率超过了 90%。

拉丝就是将光纤预制棒用拉丝塔加热到 2000 摄氏度以上，待熔融后拉制成符合要求的光纤纤维。但是，刚拉出的光纤只是裸纤，还得在裸纤表面固化一层特殊的材料形成涂覆层，以提高光纤的抗微弯性能，并保护光纤表面不受潮湿气体和外力的影响。

拉丝工艺中，最关键的就是要避免光纤表面受到损伤，而且要保证纤芯、包层的直径比和折射率分布形式不变。光纤拉制的技术和工艺决定了光纤的机械强度、传输特性和使用寿命，对保证光纤光缆的质量十分重要。

光纤制造工艺
（动画，亨通提供）

看似简单的两个工序，每一项都涉及了数千项工艺参数，并由此拉开了领先与落后的差距。

（三）向"光"而行

当发达国家的光纤通信研究突飞猛进之时，20 世纪 70 年代，我国正式启动了对光纤技术的探索，并在 1976 年拉出了全国第一根具有实用价值的光纤。40 多年来，我国光纤通信产业的发展规模和速度在全球一路领先，逐步摆脱受制于人的局面，形成了包括光棒、光纤、光缆、光电子器件、光纤通信设备等环节的完整产业链，光棒、光纤、光缆产量全部位居世界第一，建成了覆盖神州大地的全球最大光纤通信网，而且涌现了一批国际领先企业，培养了一批顶尖的科研骨干人才。

在那些"追光"前行的日子里，中国光纤通信科研工作者和建设者们付出了巨大的心血和努力，他们勇往直前的豪迈、顽强不屈的坚守、心怀家国的担当、英勇无畏的精神，令人动容。

在厕所旁造出中国第一根光纤

直到 20 世纪 70 年代，通信手段的落后和信息的闭塞依然是当下生活在互联网世界里的人们难以想象的。

1970 年，美国康宁公司制造出全世界第一条对光纤通信具有实用价值的光纤。但直到 1972 年，赵梓森才得到这个消息。那时的中国内外阻隔、信息不通，赵梓森随后赶到北京，找到刚刚随中国科学家代表团访美归来的清华大学教授钱伟长，确认了这一信息。

"我当即意识到：光纤通信是可能的，并将引发一场通信技术的革命！查找到英国的高锟在 1966 年 IEEE 杂志上发表的原始文章《光频率介质纤维表面波导》，该文阐明了光纤波导的传输理论，并指出用光纤通信可得到巨大的带宽，提出了单模光波导的结构模型，但作为长距离通信，就要求光纤损耗小于 20 分贝 / 千米。"虽然周围很多人觉得用"玻璃丝"传输信息不可思议，但是赵梓森判断，这是未来的方向。

赵梓森，1932 年出生于上海。亲历日本侵略者暴行的他常说："我们一定要热爱我们的国家，要努力把国家建设强大，因为国家弱小，就必然落后挨打，当亡国奴的耻辱不能忘。"1973 年，看到光纤通信未来发展前景的赵梓森正式提出研究光纤通信这一课题。从此，这位通信人开始了倾注一生心血的"追光"之旅，成为我国光纤通信技术的主要奠基人和开拓者，为我国光纤通信技术争胜全球做出了杰出贡献。

但是，当时国内研究者对光纤通信知之甚少，光纤通信也并不是主流研究方向，很多人对赵梓森的超前想法抱着或质疑或观望的态度："玻璃丝能搞通信？"

"我再三努力地说服领导，最终领导批给我一间'实验室'，在单位办公楼一楼的厕所旁。"就是在这个厕所旁的清洗间里，赵梓森和化学老师史青、玻璃工唐仁杰以及主动要求加入的黄定国等"战友们"向光纤制造发起了攻坚战。

研制光纤的技术路线有很多，赵梓森和他的团队（见图2-33）正确选择了石英光纤、半导体激光器和脉冲编码调制通信机的实现路线，使我国在光纤通信技术的发展中少走了不少弯路。

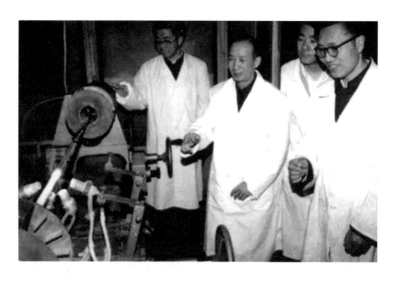

图 2-33 赵梓森和同事们在进行光纤研制

研究总是充满艰辛的。拉出光纤首先要熔炼出合格的石英玻璃棒，但熔炼石英棒是一项很危险的实验，稍有不慎就会引起爆炸。每次做实验时，赵梓森怕别人出危险，总是自己动手操作。

有一次，四氯化硅不慎溢出，与空气接触后生成大量有毒的烟雾，直冲向赵梓森的面部，他当场晕倒在地。被同事送到医院后，他两眼肿得只剩下一条缝，医生束手无策，因为从来没见过这种情况。"后来我跟大夫说，用蒸馏水冲洗眼睛，然后打吊针消炎就行。"还是赵梓森告诉医生化学中毒的急救办法，才把自己救了回来。然而，还未痊愈，他又一头又扎进了实验室……

就是这样，在极其艰苦的条件下，1976 年，赵梓森和他的团队用几个电炉加几个烧瓶的"土法"，熔炼出了符合技术参数的石英玻璃，又利用武汉邮电科学研究院的一台旧机床和废旧零件造出了光纤拉丝机，最终拉制出了中国第一根具有实用价值的光纤。在 1977 年召开的全国工业学大庆会议上，赵梓森用这根光纤成功传输了黑白电视信号，引起了邮电部的高度重视，光纤通信因此被破格列为国家级重点攻关项目。

随后，赵梓森又首创了我国实用化光纤的制造方法和全套装备，包括光纤、半导体激光器、光纤通信机、光测试仪表、原材料等；开发出我国第一批符合 IIU 标准的实用化光纤，包括多模、单模、长波长光纤等；建立了光纤、光缆技术研究和工艺体系，创建了 6 项在我国光纤通信发展过程中具有里程碑意义的光纤通信系统和工程，一举打破了国外长期以来的技术垄断。

1980 年，高锟在国际电话电报公司任首席科学家，率代表团到武汉邮电科学研究院参观交流。高锟作为代表团团长评价说："中国的光纤技术有如此水平，我十分惊讶。中国的光纤通信有一个良好的开端。"

1982 年，赵梓森和同事们一道又在武汉市区研制、设计、安装并开通了 8 Gbit/s 的光缆市话通信工程。这是邮电部重点科研工程"八二工程"和国家"六五"计划重要攻关项目，也是我国第一个实用化的国产光纤通信工程，开创了我国光纤通信历史的新篇章。

1986 年，国内首条从化学提纯到熔炼、拉丝、套塑、筛选、测试的完整光纤工业性试验生产线在武汉邮电科学研究院建成，并于当年 9 月试生产。

1988 年 5 月，长飞光纤光缆有限公司（简称长飞）成立，首个国外光纤光缆生产线成功引进，并于 1991 年进行了光纤和光缆的试生产，1993 年通过国家验收，当年光纤和光缆年产能分别达到 6 万千米和 4 万千米。后来，长飞快速成长，逐步掌握了光纤预制棒、光纤、光缆等几乎全部的生产关键技术，并自主生产制造设备、编写源代码，做到了光纤通信关键核心技术完全自主可控。

1990 年，我国拥有自主知识产权的光纤预制棒核心制造设备——PCVD 国产化设备研制成功，并投入光纤预制棒的生产。

1995 年，中国邮电工业总公司在重庆集中了北京、重庆、杭州等地的技术人员，进行了 SDH（Synchronous Digital Hierarchy，同步数字系列）设备的开发会战。以国家"八五"科技攻关项目为依托，成功开发了国产第一套 155/622 Mbit/s 的 SDH 设备，该项目获得邮电部科学技术进步奖一等奖。

············

像赵梓森一样，一代代光纤通信科研工作者潜心向学、埋头苦干，逐渐突破了光纤、光缆、光棒、光源、光器件、光芯片等一系列技术难题，使光纤通信成为我国与世界先进水平差距最小的高新技术领域之一，推动我国光纤通信制造业在全球名列前茅。

"对光纤通信，最早绝大多数人认为不可能。后来，虽然光纤通信已经实现，但由于光源和其他光电器件不成熟，光纤通信的优越性不能充分发挥，许多人对光纤通信评价不高，尚不重视。现在，光纤通信技术充分成熟，光纤通信已广泛使用，因特网和无线移动通信网，都必须以光纤网为基础而运行。人们的生活与光纤通信息息相关。可以说：光纤通信是信息时代的重要支柱。人们已经认识到光纤通信对人类是那么重要！"在祝贺"光纤之父"高琨获得诺贝尔物理学奖的纪念文章中，"中国光纤之父"、中国工程院院士赵梓森如是写道。

前赴后继让光网遍布神州大地

就在光纤通信科研工作者全力技术攻关的同时，中国通信建设者正以舍我其谁的担当、愚公移山的干劲，汇聚全行业之力破除全国通信长途干线网络的瓶颈。

"长途干线资源太匮乏，已经成为制约经济发展的痛点！"20 世纪 80 年代，改革开放的春风吹醒了中华大地，被时代唤醒的经济交流和信息沟通需求前所未有地集中爆发，与落后的通信基础设施的矛盾日益尖锐。

直到 20 世纪 90 年代初，在全国多地邮电局的营业厅门前，打长途电话、发电报的用户还要排出百米的长龙。现在人们打电话时，如果接通的时间超过 1 分钟，就已无法忍耐，但那时，接通一个长途电话等上十来个小时是常有的事。

统计数据显示，1980 年我国长途干线通信电路仅有约 3000 条，是当时印度的 45%、法国的 5.6%、日本的 1.2%，而且九成以上是技术落后、质量低下的架空明线。

改革开放后，我国通过大规模引进程控交换机，初步缓解了市话的紧张局面，但市话的发展又刺激了长途电话的需求，加之跨地域经济活动日趋频繁，本就紧张的长途资源更为稀缺。由于长途干线业务量过大，严重超出负荷，长途呼损率居高不下，改革开放的热土——深圳那时打出的长途电话平均接通率还不到 4%，令人咋舌。

与此同时，通信领先的发达国家已研制更新了四代光纤通信系统，在传输速率、传输容量、传输成本方面都比铜缆更具优势的光纤通信技术被迫切需要解决长途干线之痛的邮电通信主管部门"盯"上了。

家底薄、基础差，需求大、矛盾深，如何实现弯道超车？瞄准世界先进水平和发展方向，紧抓技术机遇，超前谋划发展！

邮电部审时度势，果断决定采用当时世界最先进的光纤通信技术建设我国的长途通信网络，并为这一网络规划了"八纵八横"的宏伟蓝图，同时制定了以光缆为主，数字微波、卫星为辅的干线通信发展方针，彻底改变了我国长途通信的面貌。

1989 年 10 月，我国第一条跨省长途干线光缆——宁汉光缆全线开工，经过两年多的艰苦建设，于 1991 年建成开通（开通仪式见图 2-34）。当年 1 月 15 日，就在宁汉光缆正式通过工程验收的第三天早晨，中央人民广播电台向全世界转播了《人民邮电》报的一则消息："邮电部决定，今后中国将不再建设中同轴电缆通信干线，而将逐步建设以光缆为主的骨干通信网。"我国大规模骨干通信光纤网络建设的序幕就此拉开。

图 2-34 1991 年 1 月，我国第一条跨省长途干线光缆——宁汉光缆工程竣工

首先建设的是全长 2800 多千米、投资近 4 亿元的南沿海光缆工程。

这是一次规模空前的干线通信大会战。南沿海光缆工程从南京出发，穿越苏、沪、浙、闽、粤五省市，将我国长三角、珠三角、闽三角及深圳、汕头、厦门 3 个特区和上海浦东开发区一线贯通，途经 59 个县以上城市。

为了尽早建成这一光缆干线，1991 年 10 月，中国通信建设总公司的 3000 多名建设者以及上万名民工从祖国四面八方挺进南沿海地区近 3000 千米的战线。在各地政府的全力支持下，2800 千米的光缆，他们只用了 88 天就敷设完成，整个工程从开工到投产仅用了一年零 26 天，创造了我国通信建设史上的奇迹。该工程建成初期就为南沿海地区提供了 8 万多条长途线路，极大地缓解了我国改革开放的前沿——东南沿海地区通信紧张的状况（其开通仪式场景见图 2-35）。

图 2-35 南沿海光缆干线开通仪式

随后，我国通信建设者转战西部和东北，开始了西成（西安—成都）光缆、京沈哈（北京—沈阳—哈尔滨）光缆建设大会战，以迅速缓解西部和东北地区通信紧张的局面。

随着我国东南、西部、东北光缆干线的建成，解决新疆、西藏的干线问题迫在眉睫，当时拉萨是我国唯一个未通光缆干线的省会（首府）城市，与外地的通信基本依靠几百条卫星通信线路。

20 世纪 90 年代初，国外的一颗间谍卫星发现：中国西北地区有军队大规模部署调整的迹象。国外媒体迅速向全世界发布了这一消息，宣称：中国西北地区军队大规模集结，将有重大军事行动。

确实，有重大"军事行动"！

1994 年 4 月，兰州军区两万多名解放军和通信建设者开始携手建设全长 2200 多千米的西兰乌（西安—兰州—乌鲁木齐）光缆工程（见图 2-36），这是我国第一条横贯东西的光缆大动脉。

图 2-36　通信建设者进行光缆施工

在昼夜温差达 40 摄氏度、风沙漫天的恶劣自然环境中，施工部队的解放军平均每人穿坏两双解放鞋、一身作训服，每餐半碗米饭半碗沙，短短 55 天就完成了光缆敷设任务，仅用了 120 天就实现了工程的全线贯通。

但这还不是最难的。1997 年 6 月，在我国通信发展历程中具有重大历史意义的兰西拉（兰州—西宁—拉萨）光缆干线工程正式开工。

兰西拉光缆干线工程是我国"九五"重点工程建设项目，由邮电部设计院（现中讯邮电咨询设计院有限公司）设计，中国通信建设总公司施工总承包，是迄今为止世界上海拔最高、建设难度最大、施工条件最艰苦的光缆通信工程。

工程全长 2754 千米，串起甘肃、青海、西藏三省区，不仅要穿越荒无人烟的柴达木盆地，还要翻越气候恶劣、严重缺氧的昆仑山脉和唐古拉山脉，经过可可西里无人区，跨越长江、黄河源头，沿线九成以上在高海拔地区，沿途 840 千米须通过海拔 4500 米以上的"生命禁区"。其中，工程最艰难的昆仑山脉至西藏安多县段，最高海拔达 5231 米，被称为"死亡地带"。光缆就是如图 2-37 所示这样一米一米敷设在青藏高原上的。

图 2-37 在青藏高原上敷设光缆（张松延 摄）

对通信建设者来说，没有翻不了的山，没有过不去的河，没有克服不了的困难。就是在这样艰险的环境下，数千名通信建设者和 3 万名解放军工程兵（如图 2-38 所示）拼尽全力，仅用了 68 天时间，就完成了 2754 千米光缆的敷设和大部分接续任务，仅用了两年时间就建成并开通了全线工程，创造了世界通信建设史上的奇迹。

图 2-38　解放军建设者为兰西拉光缆干线建设做出了突出贡献

1998 年 8 月 8 日 11 时 55 分，时任信息产业部部长的吴基传在海拔 5231 米的唐古拉山口给远在北京的时任国务院副总理吴邦国打电话，向他报告兰西拉光缆干线工程胜利开通的喜讯。吴邦国代表党中央、国务院向参加施工的邮电职工、解放军指战员等表示热烈祝贺。他说，兰西拉光缆干线工程，是党中央、国务院加快我国西部地区建设、支援西藏的重要工程，并要求相关部门，不但要建设好，更要维护好这条光缆干线，充分发挥它的重要作用。

兰西拉光缆干线工程的竣工，标志着我国光缆通信干线网已经通达全国所有省会（首府）城市（未含台北），不仅在我国通信建设史上具有里程碑意义，在世界通信建设史上也具有重大意义。

在兰西拉光缆干线工程的建设中，有许多动人的故事至今仍在传颂，"人民邮电为人民"的行业精神深刻影响着每一代通信人。

周光远，在兰西拉光缆干线工程的建设中，这个来自湖北恩施州的土家族小伙子将生命定格在了 19 岁。

1997 年 6 月，周光远随部队执行兰西拉光缆干线施工任务。海拔 5000

多米的高原，含氧量只有平原地区的 50%，人徒手行走相当于在沿海地区负重 35 千克前行，更不用说靠人力挖出一米多深的光缆沟、敷设数千千米的光缆，这无异于对生理极限的挑战。当时有人计算过，打一个直径 40 厘米的炮眼，要抡动 3.6 千克的铁锤 4000 次。一个强健有力的年轻人，抡个二三十下，就会嘴唇发紫，喘不上气来，必须深深地吸上几口氧气才能接着干。周光远和他所在部队的战士们就是在这样的极端环境下坚守一线。8 月 1 日在唐古拉山口施工时，周光远的身体出现严重的高原反应，但他没有离开施工前线，仍然坚持奋战。在体力不支倒下的时候，小伙子心里仍然惦记着未完成的任务："班长，我的施工工具呢？我的沟还没有挖完。"

周光远牺牲后，他的父亲和哥哥来到高原，来到他生前战斗过的施工现场。父子俩抹去悲痛的泪水，接过烈士生前用过的工具，抡起了铁镐，为他未尽的工作再出一把力，为兰西拉光缆干线建设再尽一份心。父子俩以这样的方式寄托着对儿子、对兄弟的哀思，感动了兰西拉光缆干线工程的每一个建设者。1997 年 8 月 15 日，《解放军报》头版头条对周光远及其亲属的感人事迹进行了报道，引发了强烈的社会反响。

为了纪念兰西拉光缆干线工程建设者无畏的付出，邮电部和解放军总参谋部通信部（2011 年改编为解放军总参谋部信息化部）决定，在光缆经过的唐古拉山口，建立一座兰西拉光缆干线工程纪念雕塑（见图 2-39）。唐古拉山脉，在这个"只有鹰才能飞过的地方"，通信雄鹰以伟大的奉献精神，为高原人民送来了吉祥如意的信息哈达。

1998 年年底，总长 7 万多千米、覆盖神州大地的"八纵八横"光缆干线网络正式竣工。我国通信骨干网跨越铜线阶段，一步到位迈入光纤通信时代，不仅从根本上改变了通信干线紧张的局面，使得我国通信骨干网成为与

图 2-39 兰西拉光缆干线工程纪念雕塑（张松延 摄）

世界发达国家差距最小的领域，而且为 21 世纪我国互联网的腾飞提供了强大、可靠的基础设施保障。

经过此后 10 余年的建设，我国的长途光缆干线网络日益完善，包括省级干线在内的光纤网络在我国信息通信业发展和社会经济建设中发挥着越来越重要的基石作用。

为满足人民群众对高带宽、高网速的需求，从 2010 年开始，对用户侧"最后一公里"——宽带接入网的光纤化改造在全国悄然展开。2012 年，四川率先走出了这一步。中国电信四川公司对传统电信网进行了"一步到位"的全光网改造，普及光纤入户，实现全程传输光纤化。2015 年 9 月，四川"全光网省"全面建成，全省 21 个市州全部建成"全光网市（州）"，四川省在全国率先告别"传统铜缆程控交换通信"，迈入全球领先的超宽带、大视频、全智能的"全光网"新时代。

随后，山东、河南、天津、河北、山西等地纷纷宣布建成"全光网"，目前全国绝大部分省份已经建成"全光网省"。彻底"去铜换光"，这一"基石"的变革，突破了"提速"的技术空间，开启了光纤宽带"1000M 引领、100M 普及、20M 起步"的新局面。

自 2013 年光纤接入网规模建设以来，我国固定宽带平均接入速率快速提升，为网络强国建设走向深入打下了坚实基础。

（四）高"光"时刻

在信息通信领域，光纤通信是我国具有全球竞争力和话语权的优势领域之一，在标准、网络、设备、应用等环节亮点纷呈，走出了一条从受制于人到输出成果，从严重落后到世界领先的历史性跨越之路，亿万用户从中受益，上万企业因之成长，为中国互联网的创新发展、繁荣壮大夯实了关键底座，也为中国抢抓重要战略机遇期、加速新旧动能转换、迈向高质量发展奠定了坚实的数字基础。

建成全球最大光纤网

宽带网络是新时期我国经济社会发展的战略性公共基础设施，发展宽带网络对拉动有效投资、促进信息消费、推进发展方式转变和小康社会建设具有重要支撑作用。2013 年，我国正式发布《"宽带中国"战略及实施方案》（以下简称《方案》），以加强战略引导和系统部署，推动我国宽带基础设施快速、健康发展。

《方案》明确，"到 2020 年，我国宽带网络基础设施发展水平与发达国家之间的差距大幅缩小，国民充分享受宽带带来的经济增长、服务便利和发展机遇。宽带网络全面覆盖城乡，固定宽带家庭普及率达到 70%，3G/LTE 用户普及率达到 85%，行政村通宽带比例超过 98%。城市和农村家庭宽带接入能力分别达到 50Mbps 和 12Mbps，发达城市部分家庭用户可达 1 吉比特每秒（Gbps）。宽带应用深度融入生产生活，移动互联网全面普及。技术创新和产业竞争力达到国际先进水平，形成较为健全的网络与信息安全保障体系"。

自"宽带中国"战略实施以来，我国持续加大光纤网络的建设投资力度，完成了从铜缆接入为主向光纤入户的全面替换。工信部统计数据显示，截至"十三五"期末，我国已建成全球规模最大的光纤网络和 4G 网络，光纤用户和 4G 用户占比分别达到 93.4% 和 80%，均远高于世界平均水平。全国所有地级市均已建成光纤网络全覆盖的"光网城市"，城市固定宽带接入能力普遍超过 100 Mbit/s，全国超过 300 个城市具备千兆光纤接入能力。互联网普及率"十三五"预期目标提前完成，电子商务和移动支付交易额均居世界首位。

截至 2020 年年底，我国光缆线路总长度已达 5169 万千米，互联网宽带接入端口数量达 9.46 亿，其中光纤接入（FTTH/O）端口 8.8 亿个，占互联网接入端口的比重达 93%；xDSL 端口数量降至 649 万，占比降至 0.7%。3 家基础电信企业的固定互联网宽带接入用户总数达 4.84 亿户，不同接入速率固定互联网宽带接入用户所占的比例见图 2-40。其中，100 Mbit/s 及以上接入速率的固定互联网宽带接入用户总数达 4.35 亿户，占固定宽带用户总数的 89.9%；1000 Mbit/s 及以上接入速率的用户数约为 640 万户。

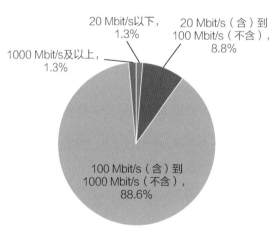

图 2-40 2020 年年底我国不同接入速率固定互联网宽带接入用户所占的比例

我国还初步形成海底光缆、跨境陆缆为主的国际传输网络架构。截至 2019 年年底，我国国际光缆总容量达到 120.7 Tbit/s，国际业务带宽达到 30.4 Tbit/s。海缆建设方面，我国内地已建有山东青岛、上海南汇、上海崇明、广东汕头和上海临港5个国际海缆登陆站，登陆的国际海缆达到9条。内地运营商积极参与香港登陆海缆建设，新增亚非欧1号洲际海缆（AAE-1）等多条国际海缆。陆缆建设方面，我国共拥有18个国际陆缆边境站，与周边12个国家建立了跨境陆地光缆系统。

诞生一批全球知名企业

从引进、消化、吸收到自主创新，我国诞生了长飞、烽火通信、亨通、富通、中天等一批全球知名企业，它们推动我国在光纤通信制造领域从受制于人逆袭为世界领先。

其中，长飞是全球为数不多的掌握3种主流光纤预制棒制备技术的企业，建立了业界最长的产业链，目前是全球最大的光纤预制棒、光纤、光缆制造企业，产品销往全球70多个国家和地区。据不完全统计，长飞已申请中国专利990多项，获得授权660多项；申请海外专利190多项，获得授权90多项，海外专利申请量、授权量在棒纤领域位居全球第一；主持或参与起草各类标准200余项。

烽火通信与我国光纤通信的发源地武汉邮电科学研究院一脉相承，在推进光纤通信设备国产化的进程中做出了突出贡献，已经成长为集光电器件、光纤光缆、光纤通信系统和网络于一体的通信高技术企业，光缆海外出口总量连续多年位居全国第一，牵头或参与制定了国际标准30多项、国家标准100多项、行业标准300多项。

亨通是全球光纤通信前三强、中国企业500强、中国民企百强，在光纤通信、超高压海缆、半导体材料等领域打破国外垄断，实现了关键技术自主可控；业务范围覆盖100多个国家和地区，在全球的光纤网络市场占有率超 15%，为全球数十个国家的海洋光网和能源互联网项目建设提供了中国方案。

提速降费成效显著

2021 年 1 月 11 日，国家统计局发布的 2020 年 CPI（Consumer Price Index，居民消费价格指数）统计结果中的两个数据令人印象深刻：全国居民消费价格指数同比上涨 2.5%，通信服务价格同比下降 0.3%。

一升一降，对比鲜明。居民消费价格统计调查涵盖全国城乡居民生活消费 8 大类 29 个中类 262 个基本分类的商品与服务价格。统计数据显示，2020 年 1 ～ 12 月，在全国居民消费价格 29 个中类中，只有通信服务价格每月的环比、同比数据没有上涨。

近年来，我国通信基础设施水平连年跨越式提升，但通信服务资费水平顺应国家战略与民生发展需要，数十年如一日不断下调，直接促进了信息通信发展红利惠及亿万百姓，推动了互联网的蓬勃发展，也催生出了一批新模式、新业态、新产业。

2015 年 5 月 20 日，国务院办公厅发布《关于加快高速宽带网络建设推进网络提速降费的指导意见》（以下简称《指导意见》），明确了 3 年内网络提速降费的"硬指标"。2015 年 8 月 1 日，京津冀长途和漫游费取消；2015 年 10 月 1 日，"流量当月不清零"实施；2017 年 9 月 1 日，手机国内长途和漫游费取消；2018 年 7 月 1 日，手机流量漫游费取消……在取消一系列资费的同时，固定宽带网络资费、移动宽带网络资费、中小企业互联网专线接入资费等均大幅下降，国际通信资费"断崖式"下降，连年超额完成《指导意见》的年度目标。

据工信部数据，截至 2020 年年底，我国固定宽带和移动流量的平均资费较 2015 年降幅均超过 95%，企业宽带和专线单位带宽平均资费降幅超过 70%，各项降费举措平均惠及用户逾 10 亿人次，累计让利超过 7000 亿元。从国际对比来看，根据 GSMA 监测，我国移动通信用户月均支出为 5.94 美元，低于全球 11.36 美元的平均水平；2020 年第二季度，按照购买力平价指数价格水平从低到高排名，我国固定宽带门槛价格、平均价格和中位数价格分别位于第 7 位、第 28 位和第 17 位，在全球 84 个国家中处于较低水平。经测算，网络"提速降费"开展 5 年以来，通信业累计降费让利超过 1300 亿元。

相比资费的一路向下，网速则是一路飙升。

2020 年，我国光纤宽带用户占比从 2015 年年底的 56% 提升至 94%，千兆光网覆盖家庭超过了 1.2 亿户，4G 基站规模占到全球总量的一半以上，开通 5G 基站 79.2 万个，5G 手机终端连接数达 2.6 亿。我国固定宽带和移动网络端到端用户体验速度分别达到 51.2 Mbit/s 和 33.8 Mbit/s，较 5 年前增长了约 7 倍。根据国际测速机构的数据，我国固定宽带速率在全球 176 个国家和地区中排名第 18 位，移动网络速率在全球 139 个国家和地区中排名第 4 位。从国际对比来看，我国固定和移动宽带网络下载速率均进入全球前列。

一根光纤让135亿人同时通话

2017 年 2 月，烽火通信在国内首次成功完成 560 Tbit/s 超大容量波分复用及空分复用的光传输系统实验，可以在一根光纤上承载 67.5 亿对（135 亿）用户同时通话，这标志着我国在"超大容量、超长距离、超高速率"的光纤通信系统研究领域实现全球领先。

这次实验采用具有自主知识产权的单模七芯光纤为传输介质。和普通光纤不同的是，一根单模七芯光纤相当于七根普通光纤合而为一。如果将光纤信息传输类比作高速公路，普通光纤是单一车道，那么单模七芯光纤就相当于并行七车道，能够提供 7 倍于普通光纤的传输能力。通过工艺及技术上的突破，单模七芯光纤解决了多芯光纤间的串扰难题，隔离度达到 −70 分贝，把"车道"与"车道"之间的干扰和影响降到了最低。

在对传输介质进行创新的同时，这次实验采用的系统设备使用了 16 个单光源，经过光多载波发生装置，单芯传输容量为 80 Tbit/s，系统传输总容量达到 560 Tbit/s。经专家组测试验证，这次实现的"560 Tbit/s 超大容量单模多芯光纤光传输系统"达到了国际先进水平，为国内首次实现。

目前，烽火通信等中国光纤通信企业积极参与国际标准制定，来自这些企业的科技工作者在 ITU-T（ITU Telecommunication Standardization Sector，国际电信联盟电信标准化部门）、IEEE（Institute of Electrical and Electronics Engineers，电气电子工程师学会）、OIF（Optical Internetworking Forum，光互联论坛）等国际组织中担任了多项重要职务，牵头或参与制定了多项国际标准。

光网支撑"全民在线"防控疫情

2020 年年初，一场突如其来的新冠肺炎疫情在全球肆虐，网络服务成为疫情防控和复工复产复学的"刚需"，光纤宽带网和移动通信网的流量爆炸式飙升。

全国大中小学生在线上课、几亿人在线办公、绝大部分生活用品在线采购……几乎一夜之间，人们的工作、生活、学习、娱乐都转移到了线上和云端。在巨大的流量压力下，相比国外诸多运营商网络带宽频频告急的窘状，中国的光纤宽带网和移动通信网运行平稳，在疫情的"在线大考"中交出了一份优秀的答卷。

同时，宽带网络有力支撑了物联网、大数据、云计算、人工智能等新一代信息技术在新冠肺炎疫情防控和复工复产复学中的应用，仅"通信大数据行程卡"公益服务的累计查询次数就超过了 50 亿。而无接触测温、病毒溯源、患者追踪、疫情监测分析、病毒检测以及云办公、云会议、云签约、云问诊、云培训等新应用、新模式已经从疫情期间的"非常选择"变成了人们工作学习生活的"日常模式"。

当前，正值我国全面建成小康社会、实现第一个百年奋斗目标之后，乘势而上开启全面建设社会主义现代化国家新征程、向第二个百年奋斗目标进军的关键时期，也是网络强国建设的关键时期。

作为信息基础设施之一，光纤宽带网络将加速向"高带宽、高速率、高质量"的"三高"方向发展，传输网、接入网、传输节点交换走向"光"化，千兆网络、全光接入将成为主流，"光联万物"时代即将到来。

2020 年 2 月，ETSI（European Telecommunications Standards Institute，欧洲电信标准组织）成立了 F5G 工作组，致力于研究 F5G 标准与应用，推动固定宽带代际演进。F5G 是以 10G PON 接入、Wi-Fi 6 和 200GE/400GE 传输等技术为代表的固定网络，包含 GRE（Guaranteed Reliable Experience，极致体验）、eFBB（enhanced Fixed Broadband，增强型固定带宽）、FFC（Full-Fiber Connection，全光联接）三大应用场景，将开创从光纤到户迈向光纤到房间、桌面、园区、工厂乃至机器的新局面。

F5G 时代，中国的光纤通信将迎来怎样的跃变，值得期待！

三、IP 革命

当今世界，网络信息技术日新月异，全面融入人类社会生产生活，深刻改变了全球经济格局、利益格局和安全格局，而网络信息技术的核心就是 IP 技术。在网络世界中，IP 地址相当于"身份证"，用来标识每一个接入网络的计算机设备。基于 IP 技术，无论是大型计算机、个人计算机、智能手机还是平板电脑，分布在全球各地的各类型网络设备实现了互联互通，并且具有唯一的"身份"。

IP 技术诞生于科学家的实验室，最早用于军事及科研用途。这项技术的普适性大力推动了互联网商业化的蓬勃发展。没有 IP 技术，计算机就会变成一个个"信息孤岛"，无法连接成网，我们今日席卷全球的互联网将如无本之木、无根之萍，蓬勃发展的互联网经济也将化为泡影。

在设计之初，科学家们并没有预料到后续互联网的快速发展和网络接入设备的爆炸式增长，IP 地址数量设置有限。随着 IPv4 地址的耗尽，IPv6 成为互联网技术演进升级的必然趋势。作为曾经的跟随者，中国凭借战略眼光与超前布局，已经在 IPv6 技术发展中挺进世界第一梯队，力争开启从追随到引领的新篇章。

（一）美丽互联世界

你平均每天使用互联网的时间有多长？当你掏出手机与朋友互传信息、使用支付宝或微信等移动支付手段在便利店快捷支付、通过 App 浏览时事新闻时，你有没有想过：互联网到底从何而来？它又是如何一步步渗透进我们的生活的？

一切还是要从 20 世纪中叶说起。互联网起源于阿帕网（ARPAnet），相比传统通信网，根本革新在于"分组交换"。通常，通信连接需要通过电话交换局来实现，而每一层的交换局又需要连接到更高层的交换局。一旦关键节点上的通信链路遭到破坏，整个系统就会中断，无法互相交流；如果中央层级的交换局被袭击，则会出现全网崩溃的情况。而阿帕网分布式直连、无须中央控制的属性，为真正的互联网打下了基础。

"分组交换"技术诞生于 20 世纪中期。美国麻省理工学院的约瑟夫·利克莱德和加州大学洛杉矶分校的伦纳德·克兰罗克最初提出了一个模型。他们认为可以通过一条实验链路为两台计算机建立起联系，这条实验链路在电话线上与一个声耦合调制解调器一起工作，并使用"分组"传输数字数据。后来这个想法被克兰罗克所践行。1962 年，克兰罗克完成了他的博士论文《大通信网的信息流》，并在两年后出版了著作《通信网络》，首次提出"分组交换"概念，为互联网技术发展奠定了最重要的理论基础。1969 年 10 月 29 日，通过不懈的开创性工作，已经是加州大学洛杉矶分校科学家的克兰罗克通过网络向斯坦福大学的计算机发送了第一条信息，这就是阿帕网的诞生。

阿帕网第一期投入使用时有 4 个节点，分别设立在加州大学洛杉矶分校、加州大学圣巴巴拉分校、斯坦福研究院以及位于盐湖城的犹他州立大学。阿帕网是第一个使用分组交换技术的真实网络。1975 年，已经有 100 多台计算机接入了阿帕网，网络试验阶段已结束，此后美国国防通信局（现美国国防信息系统局）接管了阿帕网。

直到这时，阿帕网的应用都是基于军事需求的。但人们并不满足于此，而是希望可以将阿帕网应用到更多的场景之中。此时的世界已有大量新的网络出现，越来越多的科学家开始关注如何实现网络间的互联。

最初阿帕网使用的是网络控制协议。但随着用户需求的不断提升，人们发现，这种网络控制协议只能用于操作系统相同的计算机之间，这大大限制了网络的普适应用，于是一种新的协议被开发出来，那就是我们现在所使用的 TCP/IP 协议。它成功地打破了网络控制协议对同构网络环境需求的限制，使得在不同操作系统的不同硬件上实现互操作成为可能。

TCP/IP 协议簇的成功研发也是阿帕网带来的另一重大贡献。随后，人们引入了域名系统，允许将有意义的名称分配给网络上的主机，而不是使用数字地址。

至此，美国国防通信局将阿帕网分成了两个独立的部分，一部分仍然保留阿帕网开发的初衷，用于军事通信等研究，而另一部分则成了著名的MILNET，也就是互联网（Internet）的前身。

1987 年 9 月，我国第一封电子邮件从北京发出，这是中国与互联网的第一次亲密接触。虽然这封邮件并不是通过我国自主建设的网络发出的，但是中国人由此完成了对互联网的一次意义深远的触碰。越来越多的国内高校和科研院所加入到基于 IP 技术的互联网研究中，并开始组建更大规模的网络。

提到互联网，我们首先会想到万维网，甚至在很多时候，会将两个名词混用，但其实互联网和万维网并不是同一个概念。互联网指的是网络基础设施和应用，全球的计算机通过网络连接后便形成了互联网。而万维网，也就是我们如今经常使用的"WWW"，则是互联网上的应用之一，更多的是实现浏览网页的功能，它拉开了互联网走出实验室、服务公众的序幕。

　　万维网诞生于 1989 年的欧洲核子研究组织。为了实现通过互联网在全球高能物理研究领域分享科学论文和数据的想法，伯纳斯·李开发出了互联网超文本服务器程序代码。超文本服务器是一种存储 HTML 文件的计算机，其他计算机可以通过连接这种服务器读取 HTML 文件。而这个由 HTML 文件构成的系统就是万维网，它迅速在科学研究领域普及开来。

　　此后，互联网开启了一日千里的顺风式发展模式，其成长速度颇为惊人。1990 年，第一个商业性的互联网拨号服务商 The World 诞生了。同年，伯纳斯·李基于他此前提出的 HTML 和 HTTP 以及 URL 标准，编写了万维网协议的最终代码。巧合的是，也是这一年，阿帕网停止服务。

　　1991 年是互联网历史上值得被纪念的一年，这一年有太多的大事发生。其中最重要的一件大事便是伯纳斯·李启动了第一个 Web 浏览器和 Web 页面。这个页面的内容更像是一个说明书，解释和描述什么是 Web 和 HTML，从而允许其他人构建更多自己的站点。

　　1993 年，一个新的浏览器——Mosaic 诞生了。它虽然不是历史上第一个 Web 浏览器，却是万维网被设计出之后第一个可以将文字、图片等内容显示在屏幕上的浏览器。随着网络逐渐走入大众视野，1993 年 4 月 30 日，欧洲核子研究组织宣布万维网对所有人免费开放，不收取任何费用。1994 年 10 月，万维网联盟（World Wide Web Consortium，简称 W3C 理事会）在麻省理工学院计算机科学实验室成立，发起人正是万维网的发明者——伯纳斯·李。在 Mosaic 之后，越来越多的浏览器被开发出来。

　　早期的互联网基础设施覆盖范围较为有限，更多的是军事以及科研机构在使用。随着互联网展现出越来越多的魅力，人们开始期待它能够应用在日常生活中，商业公司也开始权衡它的商业价值，于是电信公司开始大量投资网络基础建设，以期能够率先占据互联网市场。

1995 年是全球互联网商业化发轫之年。在这一年，两个重要的互联网企业——eBay 和 Amazon 开始运营。虽然前期交易情况并不乐观，但随着网络的发展和普及，它们逐渐成长为互联网巨头。随后，第一个邮件服务——Hotmail 启动了，紧接着，博客、搜索、网络新闻、文件共享等应用如雨后春笋般出现，进入了人们的生活。同样，互联网在我国也逐渐流行开来，诞生了很多人们耳熟能详的互联网公司，包括阿里巴巴、腾讯、百度、京东、字节跳动，等等。

互联网起源于美国，虽然实现了国际互联，但美国才是真正的掌控者。中国要真正接入互联网阻力重重，必须得到美国方面的同意。

自 1990 年起，时任中国科学院副院长的胡启恒多次找美国国家科学基金会商谈接入互联网事宜，然而进展甚微。1992 年 6 月，中国科学院研究员钱华林向美国国家科学基金会负责国际联网的相关负责人正式提出，希望能接入互联网。钱华林提出，"中国进入互联网，不是为了偷美国的技术，而是为了科学研究、平等共享。这也正是互联网的意义所在"，然而中国接入互联网依然遭到来自美国政界的反对。

经过反复谈判和沟通，1993 年 3 月 2 日，中国科学院高能物理研究所加入美国斯坦福直线加速器中心的 64 kbit/s 专线终于正式开通，这成为中国"部分连入互联网"的第一根专线。1993 年 5 月 21 日，中国科学院计算机网络信息中心完成了中国国家顶级域名（.cn）服务器的设置，成功将中国的顶级域名服务器放在了国内。1994 年 4 月 20 日，中国全功能连入国际互联网，正式迈入互联网世界的大门，成为全功能连入国际互联网的第 77 个国家，从旁观者变成了积极的参与者。

基于用户日益丰富的需求，互联网的发展日趋多元化，与人类社会生活的结合程度越来越紧密，成为现代生活中不可分割的重要组成部分。更快的速度、更低的时延、更高的准确性，都是现如今网络信息技术科研人员的工作方向。诚然，在互联网的发展过程中还有许多问题有待解决，但也将有越来越多的天下英才投入互联网的发展之中，筑牢网络强国建设的"人才基石"。

（二）计算机的"身份证"

如果把互联网看作一个世界，那么所有接入互联网的计算机就是这个世界的"公民"。公民有身份证，那么计算机的身份证是什么？那就是 IP 地址。

互联网上连接着许许多多计算机设备，设备之间会相互通信。一个设备如何确保自己发送的信息被自己的目标计算机接收到？一台计算机接收信息后又如何得知到底是网络上哪台计算机给自己传送了信息呢？这个时候人们就想，为什么不给每台计算机发一个"身份证"呢？用一个独一无二的"身份证号"对计算机网络上的每台计算机进行标记，这样就能清晰地知道信息是从哪台计算机发出，以及要发送给哪台计算机了。于是，IP 地址便诞生了。

如果用户要将一台计算机连接到互联网上，需要向互联网服务提供商申请一个 IP 地址。IP 地址是在计算机网络中被用来唯一标识一台设备的一组数字，它是独一无二的。

IP 地址的唯一性，确保了用户在联网的计算机上操作的时候，能够高效且方便地从众多计算机中找到自己所需的通信对象。

在研究、开发 IP 地址规则的过程中，第一个被广泛部署的规则就是第 4

版互联网协议（Internet Protocol version 4），也就是我们常说的 IPv4。

IPv4 地址由 32 位二进制数值（用 0 和 1 来表示的数）组成，分成 4 个字节，每个字节有 8 个数值。为了便于用户识别和记忆，科研工作者将 IPv4 地址"翻译"了一下，采用"点分十进制表示法"。采用了这种表示法的 IP 地址由 4 个十进制整数组成，每个十进制整数对应一个字节，用点来分隔。

举个例子，某个 IPv4 地址使用 32 位二进制的表现形式为 00001010 00000001 00000001 00000010，采用"点分十进制表示法"表现为 10.1.1.2。图 2-41 给出了十进制和二进制的对应关系示例。

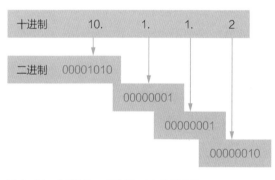

IPv4 地址包含 32 个数值，因此 IPv4 的地址空间最大是 2^{32}，即 4 294 967 296 个，其中网络地址、广播地址等为特殊用途所预留的地址不能分配给主机使用。

图 2-41　十进制和二进制的对应关系示例

（三）根服务器并无"扼喉"之痛

IPv4 地址有 32 位二进制数值，而 IPv6 的地址由 128 位的二进制数字组成，即便用"点分十进制表示法"进行表现，记忆难度也很大。因此，就出现了域名。域名的发展是互联网从科学家实验室走向大众生活的真实写照。

为每个 IP 地址取一个更便于人类记忆、带有一定实际意义的名称，这就是域名。用户可能很难记忆一长串数字，但像"baidu.com"这样的地址，用过几次就会印象深刻。

因此就出现了"转换器"——域名服务系统，可以实现用户便于理解的域名与机器能够理解的 IP 地址之间的转换。自此，当网络上的一台计算机想访问另一台计算机上的资源时，用户只需在浏览器的地址栏中输入容易记忆的域名，而不用输入难记忆的 IP 地址。

域名作为互联网中的"地址"，也有不同的级别和类别，如图 2-42 所示。截至 2020 年 11 月，已有 1589 个 TLD（Top Level Domain，顶级域名）。为大众所熟知的顶级域名包括国家顶级域名（ccTLD）："".cn"表示中国，"".us"表示美国，"".uk"表示英国等。通用的顶级域名（gTLD）有表示公司和企业的"".com"，表示网络服务机构的"".net"，表示非营利组织的"".org"等。通用顶级域名和新增加的通用顶级域名及其对应表示分别见表 2-3 和表 2-4。

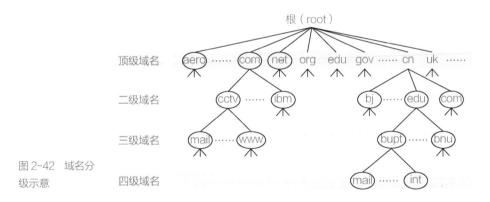

图 2-42　域名分级示意

表 2-3　通用顶级域名

域名	对应表示
.com	公司和企业
.net	网络服务机构
.org	非营利组织
.edu	教育机构

续表

域名	对应表示
.gov	政府部门
.mil	军事部门
.int	国际组织

表 2-4　新增加的通用顶级域名

域名	对应表示
.aero	航空运输企业
.biz	公司和企业
.cat	加泰罗尼亚人的语言和文化团体
.coop	合作团体
.info	各种情况
.jobs	人力资源管理者
.mobi	移动产品与服务的用户和提供者
.museum	博物馆
.name	个人
.pro	有证书的专业人员
.travel	旅游业

由于互联网的规模非常庞大，IP 地址和域名之间的转换海量发生，处理这种转换只使用一个域名服务器是不可能的。早在 1983 年，互联网就开始采用层次树状结构的服务器命名方法，并使用分布式的域名服务系统。域名服务系统可以理解为分布式数据库，由多层域名服务器构成。这种分层结构可以很好地避免集中式查询所带来的单点故障问题，无须考虑服务器与客户端之间的距离问题，也易于维护。

树状结构使得域名服务器实现了分层次、分级别，每一个域名服务器只对域名体系中的一部分进行管辖，每一级服务器掌握着其所连接的下一级服务器的 IP 地址。根据域名服务器所发挥的作用，可以把域名服务器划分为 4 种不同的类型，其中 3 种如图 2-43 所示。

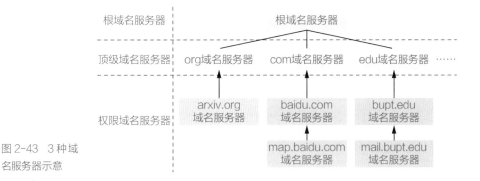

图 2-43 3 种域名服务器示意

○ 根域名服务器：最高层次的域名服务器，也是最重要的域名服务器。

○ 顶级域名服务器：负责管理在该顶级域名服务器注册的二级域名。

○ 权限域名服务器：负责其管辖（或有权限管辖）的域名的解析。

○ 本地服务器：域名查询的第一级服务器。当一个主机发出域名查询请求时，这个查询请求报文就发送给本地域名服务器。每一个互联网服务提供商，甚至一个大学里的一个机构，都可以拥有一个本地域名服务器。

举个例子，用户在日常使用中访问某网站，只要在浏览器中输入该网站的域名即可。用户发送访问请求后，计算机之间进行了复杂的通信。计算机本身不能通过域名进行通信，必须将域名转成 IP 地址。用户的查询首先要发送到本地服务器，之后由本地服务器转发到根域名服务器。根域名服务器包含了需要查询域名的顶级域名的查询位置。

在域名查询过程中，根域名服务器的稳定性和安全性直接关系到域名查询服务的质量。如果根域名服务器被控制，将域名指向修改到伪装的网站，很可能会造成互联网的重大安全事故，因此根域名服务器具有重要的国家安全战略意义。

有种说法称,根域名服务器都在美国的掌控之中,是中国互联网的"扼喉"之痛,事实是否如此呢?

根域名服务器是否被某个国家一手掌控

在所有域名服务器中,根域名服务器是最重要的域名服务器,根域名服务器知道所有的顶级域名服务器的域名和 IP 地址。不管是哪一个本地域名服务器,若要对互联网上任何一个域名进行解析,只要自己无法实现,就首先需要求助于根域名服务器。

基于一些技术原因,根域名服务器地址的数量被限制为 13 个,用首字母排序命名,从 A 一直到 M,从 a.rootservers.net 一直到 m.rootservers.net。

目前有一种说法是,由于我国的互联网起步很晚,并没有机会分得 13 个根服务器中的任何一个。1 台主根服务器在美国,12 台辅根服务器有 9 台在美国、1 台在英国、1 台在日本、1 台在瑞典。也就是说美国占据了整个互联网的通信重点。这不免会让人担忧,如果将来某一天,美国突然将根服务器关闭,是否会影响到人们赖以生存的互联网呢?

事实上,13 台根域名服务器是一个逻辑概念,并不是指 13 台机器,而是指 13 个不同 IP 地址的根域名服务器,它们是由分布在全球的多个服务器组成的。多台服务器组成一个集群,对外统一称为 1 台逻辑意义上的根域名服务器。

截至 2020 年 11 月,根域名服务器系统由 12 个独立根服务器运营商运营的 1341 个实例组成,分布在全球各地。也就是说,无论从逻辑还是实体上讲,根域名服务器都没有被某个国家一手掌控。

全球根域名服务器的瘫痪是否会导致互联网瘫痪？

既然根域名服务器是如此的重要，那么全球根域名服务器的瘫痪一定是极其重大的事故，那它的瘫痪是否会导致整个互联网的瘫痪呢？答案是显然不会。

以上述 L 根域名服务器（l.rootservers.net）为例，166 台根域名服务器实例共享相同的 IP 地址。如果用户的请求发送到 L 根域名服务器，其对应的 166 台服务器都可以提供相同的服务，并且这 166 台服务器部署在全球不同的地方。对于用户的请求，会基于网络的情况，选择"最近"的根域名服务器实例，由选中的服务器来提供查询服务。因此，如果 166 台根域名服务器中有一台发生故障，其他服务器一样可以提供查询服务。

根域名服务器在全球有很多服务器节点，并且域名服务系统有缓存机制。假设掐断全球的根域名服务器，在境内，可以采用根区数据备份并搭建应急根服务器来解决；在全球层面，可以通过根域名服务器实例、IPv6 环境下的根服务器数量扩展、根服务器运行机构备选机制等方法来解决。

随着根域名服务器提供稳定和安全服务的重要性持续提升，研究人员和工程技术人员也加强了对根域名服务器技术的研究和部署工作。互联网行业不仅不断增加根域名服务器的数量和地理分布，增强其服务稳定性、安全性，改进用户体验，其名称也从根域名服务器"镜像"改为根域名服务器实例或根域名服务器节点。

（四）IPv4 地址耗尽

IP 技术的产生最大限度上发挥了互联网的通信精准化优势，为互联网的发展奠定了良好基础。互联网的爆炸式发展，也得益于计算机硬件的快速迭代升级。

从石头计数到结绳记事，从算盘到计算尺，在人类历史发展进程中，计算工具经历了长时间的演进，一直停留在人工的阶段，一直到 17 世纪法国数学家布莱士·帕斯卡发明了第一台机械计算机——帕斯卡加法器，它依靠齿轮带动，可以进行十进位的加减法。

机械式计算机经历了长时间的发展，到 19 世纪末已经具备较强的计算能力。当时美国每十年进行一次人口普查，用人工的方式要花费 7 年左右的时间。美国统计学家赫尔曼·霍利里思发明了制表机，用穿孔卡片存储数据，并将制表机应用在美国的第 12 次人口普查中，仅花费了约 6 周的时间，就完成了人类历史上第一次大规模的数据处理。此后赫尔曼·霍利里思根据自己的发明成立了制表机公司，这就是 IBM 公司的前身。

20 世纪初，电子管被发明出来，为电子工业奠定了基础，也开启了电子管计算机的时代。赫赫有名的 ENIAC 诞生于 1946 年，它装有 17 468 只电子管，电路的焊接点多达 50 万个，耗电功率约 150 千瓦。整台机器占地面积为 170 平方米左右，重达 30 吨，每秒钟可做 5000 次加法，可以在 3/1000 秒的时间内做完两个 10 位数乘法。ENIAC 的问世标志着现代计算机的诞生。

随着晶体管的发明以及在计算机中的快速应用，电子计算机变得体积更小、速度更快、功耗更低、性能更稳定。晶体管计算机将计算速度从每秒几千次提高到了每秒几十万次，主存储器的存储量也从几千字节提高到了十万字节以上。

如果说电子管计算机要装满一个房间，那么晶体管计算机只需要一面墙。成本高、散热难等问题困扰着晶体管计算机的发展，不过，随着集成电路的发明，计算机很快进入了集成电路时代。

集成电路是将电子元器件制作在硅片上，使更多的元器件集成到单一的半导体芯片上。中小规模集成电路计算机将运算效率提升到每秒几百万次。随着操作系统、编辑系统、应用程序的同步研发，计算机突破了以往在大规模数据处理、事务处理等特殊情景内的应用，开始尝试进入日常生产、生活。这一阶段的代表性机器 IBM360 约有一个立式储物柜那么大。

1967 年大规模集成电路问世，1977 年超大规模集成电路问世。硬币大小的芯片上可以容纳百万级数量的电子元器件，计算机的体积和价格不断下降，而功能和可靠性不断增强。1981 年 IBM5150 的推出，意味着第一部真正的个人计算机诞生了，也就是我们常说的 PC（Personal Computer）。一直到现在，个人计算机的形态仍然没有太大的变化，主机、显示器、键盘等都是标配。计算机已经成为日常生活中最常见的工具。

计算机的发展呈现出两大方向，一个是超级计算机向 AI、生物计算等方向探索演进，另一个是个人计算机在小型化、智能化、便携化方面持续突破，出现了智能手机、平板电脑、可穿戴设备等多种计算终端。计算机的升级发展是互联网快速普及最重要的硬件条件之一。

截至 2020 年 12 月，中国互联网用户已经达到 9.89 亿。按照一个互联网用户有 3 个联网设备（笔记本电脑、手机、平板电脑）来计算，我们将会占据全球一半多的 IPv4 地址。图 2-44 示出了 2014—2020 年我国 IPv4 地址的数量。

网络的爆炸式发展超乎想象，IPv4 的枯竭速度也远超预期。IPv4 在 1981 年首次发布，2012 年 IPv4 顶级聚合地址块实际上已经耗尽，到 2019 年，全球近 43 亿个 IPv4 地址已分配殆尽，这意味着如果要新组建

IPv4 网络，将无法申请到地址。

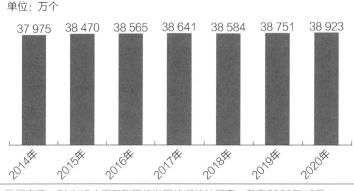

单位：万个

37 975　38 470　38 565　38 641　38 584　38 751　38 923

2014年　2015年　2016年　2017年　2018年　2019年　2020年

数据来源：CNNIC中国互联网络发展状况统计调查，截至2020年12月。

图 2-44　2014—2020 年我国 IPv4 地址的数量

　　一定程度上，IP 地址的拥有量决定了一个国家网络的发展和演进情况。那么，IP 地址是如何管理和分配的呢？

　　目前，IPv4 地址已分配给五大区域互联网注册机构，非洲网络信息中心面向非洲，北美网络信息中心面向南极洲、加拿大、部分加勒比地区和美国，亚太互联网络信息中心面向东亚、大洋洲、南亚和东南亚，拉丁美洲网络信息中心面向加勒比的大部分地区和整个拉丁美洲，以及欧洲网络信息中心面向欧洲、中亚和西亚。

　　亚太互联网络信息中心服务于全球 50% 以上的人口，也包括中国。由于亚太地区互联网的快速增长，在 2011 年 4 月 15 日，亚太互联网络信息中心宣布亚太地区的 IPv4 地址池耗尽。此后，中国 IPv4 地址的数量增长非常缓慢。CNNIC 发布的第 47 次《中国互联网络发展状况统计报告》表明，截至 2020 年 12 月，中国 IPv4 地址数量约为 3.89 亿，与中国的人口数量相比，是远远不够的。

　　截至 2019 年 11 月，IPv4 的全部地址已经分配完毕。从理论上讲，

IPv4 地址耗尽应该意味着不能将任何新的 IPv4 设备添加到互联网，目前也有一些技术手段来缓解这种情况，比如 ISP（Internet Service Provide，互联网服务提供商）可以重用和回收未使用的 IPv4 地址，或者采用网络地址转换，在 ISP 路由器后面私下使用按照 RFC 1918 规定专用保留的 IPv4 地址。然而这都是临时之举，只能解燃眉之急，却不是长远之计。真正要解决这一问题的话，互联网必须完成向 IPv6 的过渡，才能满足快速发展的需求。

（五）IPv6 让每一粒沙都有一个地址

远远超出预期！信息通信技术发展的这一特殊规律，在 IP 领域再次应验。

40 年前的 1981 年，当科学家们为 IPv4 设计了 43 亿个 IP 地址，以为足以满足全球需求时，没有人能够预料到，仅仅过了 30 年，这当时理论上几乎人手一个的 IP 地址就已经消耗殆尽。

没有 IP 地址，就无法接入互联网！不解决"地址危机"，爆炸式发展的互联网将停滞不前！

怎么办？创造更多的 IP 地址。

20 世纪 90 年代初，IETF（Internet Engineering Task Force，因特网工程任务组）启动"下一代网络互连协议"（IPng）研究，并于 1995 年 9 月正式形成 IPv6（Internet Protocol Version 6，第 6 版互联网协议）核心协议。成立于 1985 年的 IETF 是全球互联网领域最具权威的技术标准化组织，我们现在应用的绝大多数国际互联网技术标准都出自 IETF。

IPv6，是用于替代 IPv4 的下一代互联网协议，其主要目的就是解决 IPv4 的"地址危机"，是下一代互联网的最核心技术。

　　不同于IPv4采用32位地址，IPv6协议采用了128位地址，也就是说，IPv6一共可提供2^{128}个地址，相当于地球上每平方米可以获得大约10^{24}个地址，仅这1平方米的IPv6地址数量就已经是IPv4所有地址数量的100万亿倍。

　　打个比方，如果把IPv4的地址数量比作一粒芝麻，那么IPv6的地址数量就相当于整个地球。所以业内人士打趣说，IPv6可以让地球上的每一粒沙子都拥有一个IP地址。二者提供的IP地址数量对比见图2-45。

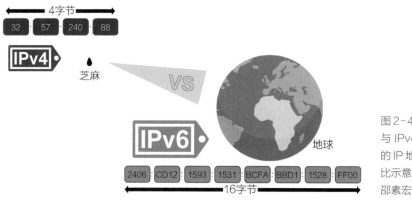

图2-45　IPv6与IPv4可提供的IP地址数量对比示意（夏一凡、邵素宏　制作）

　　除了地址容量极大扩展之外，IPv6在服务质量、移动性、整体吞吐量等方面均具有比IPv4更好的特性（见图2-46），而采用IPv6的下一代互联网比现有互联网更便于管理、更安全，而且也更容易为用户提供更高质量和更多类型的服务。

　　从全球来看，主要由IETF负责IPv6的标准制定工作，ICANN（Internet Corporation for Assigned Names and Numbers，互联网名称与数字地址分配机构）、IPv6论坛、ITU、ETSI等国际组织积极参与。目前，鉴于IPv6的重要性以及IPv6对NGN（Next-Generation Network，下一代网络）的巨大影响，越来越多的国际标准化组织加入IPv6标准的制定行列，

3GPP 和 ITU-T 也成立了相应的工作组，负责与各自传统研究领域密切相关的 IPv6 标准化工作。

图 2-46 IPv6 相比 IPv4 的优势（夏一凡、黄小红 制作）

　　中国缺位于互联网早期发展阶段，对那时形成的互联网核心技术几无贡献。但是，随着改革开放的不断深入，中国的科研人员开始全力投入互联网技术的研发工作，并积极参与到 IETF 互联网技术国际标准的制定之中。

　　1996 年 3 月，清华大学提交的适应不同国家和地区中文编码的汉字统一传输标准被 IETF 通过为 RFC 1922，这是我国第一个被认可为 RFC 文件的提交协议。

　　2005 年，中国参加 IETF 的人数在各国家（地区）中排名进入前八。

　　2010 年，清华大学吴建平教授获得国际互联网协会颁发的乔纳森·波斯塔尔奖，这是国际互联网界的最高荣誉，也是中国人第一次且唯一一次获得该奖项。据新华社报道，吴建平是我国互联网技术的主要开拓者之一，他主持完成了"中国教育和科研计算机网①示范工程"，这是世界上最大的国家

---

① 即 CERNET（China Education and Research Network）。

学术网。他还先后主持完成了 20 多个国家大型科研项目和工程，是 IPv6 的主要发起者和推动者之一。在吴建平看来，"获奖不仅是个人的荣誉，更是国际互联网界对中国互联网快速发展和技术进步的肯定和表彰"。

2013 年，清华大学李星教授当选 IETF 的顶层委员会 IAB（Internet Architecture Board，互联网体系结构委员会）成员。

同一年，中国科学院胡启恒院士作为"全球领导者"入选国际 ISOC（Internet Society，互联网协会）"互联网名人堂"，成为获得这一全球互联网社群最高荣誉的首个中国人。"互联网名人堂"活动由 ISOC 于 2012 年开创，旨在表彰和纪念那些获得全世界认同的、为全球互联网的发展和完善做出重要贡献的杰出人物，TCP/IP 发明人文特·瑟夫、万维网发明人伯纳斯·李、阿帕网计划负责人罗伯特·泰勒、以太网发明人罗伯特·梅特卡夫等互联网的缔造者均曾入选。

在胡启恒院士的组织领导下，中国于 1994 年实现了全功能接入国际互联网，并于 1997 年组建了中国互联网络信息中心；作为中国互联网协会的创始人，胡启恒院士对推动互联网在中国的发展做出了卓越贡献，并在全球互联网的普及过程中贡献了中国智慧。

....

在一批批互联网科技先锋的接续努力下，中国在互联网技术国际标准制定中的声音越来越响亮，影响力越来越大，表 2-5 列出了部分积极参与制定 IETF 国际标准的中国企业和组织。数据显示，自 2013 年第 88 届 IETF 会议以来，中国基本保持参会人数排名第二；中国技术专家所撰写的标准数量在 2007 年之后迅速增加，目前仅次于美国，排名世界第二。

当前，中国正为互联网核心技术的发展贡献着积极力量，特别是在 IPv6

过渡技术等新的重大需求和原创核心技术方面，发挥着主导作用。

表 2-5　部分积极参与制定 IETF 国际标准的中国企业和组织

类别	公司 / 机构
网络设备制造商	华为、中兴、烽火通信等
运营商	中国电信、中国移动、中国联通等
高校	清华大学、北京邮电大学、北京交通大学等
网络公司	阿里巴巴、亚信科技等
研究机构	中国信息通信研究院、中科院计算所等
网络资源注册机构	中国互联网络信息中心
技术组织	全国信息技术标准化技术委员会

（六）中国 IPv6 发展蹄疾步稳

由于"触网"较晚，中国在 IPv4 技术的发展中远落后于全球领先国家，国际话语权也较弱，因此 IP 地址严重短缺，饱受困扰，甚至连一个 A 类地址都没有（1 个 A 类地址可连接 2^{24} 也就是 1600 多万台主机）。

改变旧规则，重画起跑线，IPv6 是一个机会！

为摆脱 IPv4 时代的被动局面，当 IPv6 风声微起之时，紧跟国际领先技术的中国就紧紧抓住这一千载难逢的机遇全力推进，并展现出了惊人的超前意识。

1997 年，中国全功能接入互联网仅仅 3 年，吴建平院士就带领 CERNET 建立了中国第一个 IPv6 试验网，并于 1998 年接入全球 IPv6 试验网 6Bone，这是中国下一代互联网发展过程中的标志性事件，意味着我国正式开始 IPv6 的研究工作。6Bone 在 1996 年 8 月由 IETF 组织创建，这并不是一个独立于互联网的物理网络，而是利用"隧道"技术将各个国家和地区组织维护的 IPv6 网络通过运行在 IPv4 上的互联网连接在一起。

在中国工程院院士邬贺铨等专家的推动下，我国对 IPv6 的研发工作日益重视，一批 IPv6 关键技术研究课题作为国家重大专项立项，陆续取得突破性成果，为我国开展以 IPv6 为核心的下一代互联网研究奠定了良好的基础。

就在日本、韩国相继实现 IPv6 网络商用后不久，2002 年 3 月，我国第一个多运营商、多厂商互连互通的下一代 IP 电信实验网——6TNet 项目启动。该项目主要研究和测试 IPv6 商业服务所需的各项功能，开发集语音、数据、视频于一体的多种业务应用，并为 IPv6 在中国的商业化运作积累经验、培养人才，推动中国 IPv6 的商用化进程。

2003 年，在 57 位院士的联名建议下，经国务院批准，国家发展改革委、科技部、信息产业部、教育部、国务院信息化工作办公室、中国科学院、中国工程院和国家自然科学基金委员会八个部委联合发起 CNGI（China Next Generation Internet，中国下一代互联网示范工程）项目，搭建以 IPv6 为核心的下一代互联网试验平台。

由此，我国下一代互联网发展正式进入了大规模研究及建设阶段。

中国电信、中国网通、中国移动、中国联通、中国铁通五大基础电信企业和教育科研网、100 多所高校和研究单位、几十个设备制造商参与了 CNGI 项目，研究人员多达上万人，产学研用通力合作，在中国通信网络科技工程建设史上是第一次，对我国下一代互联网技术和产业的发展产生了深刻的影响。

2004 年 6 月 22 日，中国科学院知识创新工程重要方向项目"IPv6 网络关键技术研究和城域示范系统"的子课题"IPv6 与 IPv4 的互通研究"与

"基于 IPv6 DNS 根服务器研究"通过验收，达到国际先进水平。该项目建设的 IPv6 根服务器试验系统开通后，通过 IPv6 试验网，每天接受来自世界各地的上万次查询，支持包括中文域名、ENUM 及通用网址等的多种新兴寻址方式。当年 12 月 23 日，我国国家顶级域名 .cn 服务器的 IPv6 地址成功登录全球根域名服务器，.cn 服务器升级支持 IPv6 并接入 IPv6 网络，由此我国国家域名系统进入 IPv6 时代。

2006 年 9 月 23 日，中国工程院宣布，由我国自主研发的下一代互联网主干网核心技术正式通过国家验收。我国率先建成了覆盖全国 20 个主要城市的具有 40 个 POP 节点和 300 个驻地网的全球最大 IPv6 试验网，这一成果确立了我国在世界下一代互联网中的领先地位。

国家鉴定委员会认为，我国研发的下一代互联网主干网在核心技术上实现了四大突破：开创性地创建了世界上第一个纯 IPv6 主干网，加速了世界互联网发展的步伐；在国际上首次提出了真实源地址认证的新体系结构理论，为解决互联网安全隐患提供了重要保证；首次提出了第一代互联网到第二代互联网的过渡技术方案 IVI，为两代互联网的顺利过渡提供了保障；具有自有知识产权的 IPv6 路由器的大规模使用将使我国在以后互联网的建设中彻底摆脱对国外设备的依赖。

时任中国工程院副院长、CNGI 专家组组长的邬贺铨院士表示："我国在这个网上采用的一些新技术，例如真实 IP 地址，IPv4 over IPv6，以及基于对下一代网理解而建设的网络架构，都是国外现有的实验网上所没有的，中国处于领先位置。"

"互联网之父"文特·瑟夫在参观了吴建平院士领衔建设的纯 IPv6 主干网 CERNET2 之后，称赞说，在下一代互联网的建设上，中国走在了美国的前面。

此后，虽然经历了一段停滞期，但是在信息通信业专家的呼吁和努力下，产业各界在技术研发、网络建设、应用创新方面锐意进取，取得了许多成果，华为、中兴等中国企业研发的 IPv6 路由器等系列产品也进入了国际市场。

2014 年，中国全功能接入国际互联网 20 周年之际，互联网发展的全新时代开启了。

2 月 27 日，中央网络安全和信息化领导小组（2018 年更名为中央网络安全和信息化委员会）正式成立，习近平总书记担任组长。中央网络安全和信息化领导小组着眼国家安全和长远发展，统筹协调涉及经济、政治、文化、社会及军事等各个领域的网络安全和信息化重大问题，研究制定网络安全和信息化发展战略、宏观规划和重大政策，推动国家网络安全和信息化法治建设，不断增强安全保障能力。

顶层设计领航，千帆竞发潮涌！包括 IPv6 在内的网络和信息化各领域发展开启"加速度"。

2017 年 11 月，中共中央办公厅、国务院办公厅印发《推进互联网协议第六版（IPv6）规模部署行动计划》（以下简称《行动计划》），要求加快推进 IPv6 规模部署。《行动计划》提出，抓住全球网络信息技术加速创新变革、信息基础设施快速演进升级的历史机遇，加强统筹谋划，加快推进 IPv6 规模部署，构建高速率、广普及、全覆盖、智能化的下一代互联网，是加快网络强国建设、加速国家信息化进程、助力经济社会发展、赢得未来国际竞争新优势的紧迫要求。

《行动计划》提出了我国推进 IPv6 的主要目标——用 5 到 10 年时间，形成下一代互联网自主技术体系和产业生态，建成全球最大规模的 IPv6 商业应用网络，实现下一代互联网在经济社会各领域深度融合应用，成为全球下一代互联网发展的重要主导力量。其中包括"到 2025 年末，我国 IPv6

网络规模、用户规模、流量规模位居世界第一位，网络、应用、终端全面支持 IPv6，全面完成向下一代互联网的平滑演进升级，形成全球领先的下一代互联网技术产业体系"。

3 年后的 2020 年，是我国推进 IPv6 规模部署行动计划第二阶段的收官之年，IPv6 发展取得重要的阶段性成果，2014—2020 年我国 IPv6 地址的数量逐年增加（见图 2-47）。

单位：块/32

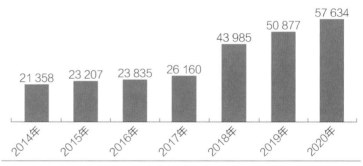

图 2-47 2014—2020 年我国 IPv6 地址的数量

数据来源：CNNIC中国互联网络发展状况统计调查，截至2020年12月。

数据显示，截至 2020 年 12 月，中国 IPv6 地址的数量达 57 634 块 /32，位居世界第二位；IPv6 活跃用户数达 4.62 亿，占互联网网民总数的 49.11%，相比《行动计划》实施前增长了约 170 倍；全国已有 12.39 亿 LTE 用户、2.55 亿固定宽带用户，合计为 14.94 亿用户分配了 IPv6 地址。

同时，我国三大基础电信企业的超大型、大型数据和中小型互联网数据中心已全部完成 IPv6 改造，可以为用户提供 IPv6 服务；IPv6 国际出口带宽"从无到有"，开通 90 Gbit/s，全国 13 个骨干网直联点全部实现 IPv6 互联互通；排名前 100 位的商用网站 / 应用全部支持 IPv6 访问，全国已经有超过 90% 的 CDN 支持 IPv6。

CERNET 建设了采用纯 IPv6 的 CERNET2 主干网，连接了 2000 多所高校，为研究、实验和验证 IPv6 等互联网技术和人才培养做出了重要贡献。

在 IPv6 发展中，"政府引导、企业主导"的原则发挥了积极作用，各级政府和头部企业的示范引领有力地推动了 IPv6 的规模部署。截至 2020 年 1 月，全国 91 家省部级政府网站有 79 家支持 IPv6，占比 87%；96 家中央企业门户网站有 86 家支持 IPv6，占比 89%。

虽然我国 IPv6 发展迅速，但在活跃用户比例、流量占比、改造进度等方面，距离国际领先水平还有不小的差距，特别是 IPv6 应用开发、深层访问等方面的问题亟待解决。

为此，2019 年年底，推进 IPv6 规模部署专家委员会成立了 IPv6+ 技术创新工作组，负责建设 IPv6+ 技术创新工作体系。工作组的目标是：依托我国 IPv6 规模部署成果，整合 IPv6 相关产业链力量，基于 IPv6+ 的下一代互联网技术代际规划开展系列创新，不断完善 IPv6+ 技术标准体系，以有力提升我国在下一代互联网领域的国际竞争力。

业界专家预测，到 2025 年，全球 IPv6 用户占比将达到 70% 以上，其中必然有中国的重要贡献。网络规模第一，用户规模第一，流量规模第一！我们相信，到 2025 年，中国 IPv6 的发展定将不负众望。

在移动通信宽带网、光纤宽带网、IP 网的发展中，我国积极把握全球网络信息技术代际跃迁和网络基础设施演进升级的难得历史机遇，逐步构建起辐射全国的高速、移动、安全、泛在的信息基础设施，为架构于基础网络之上的互联网产业的蓬勃发展奠定了坚实基础。

百舸争流，奋楫者先；千帆竞发，勇进者胜。一个互联网后来者逆袭而上的精彩故事正在世界的东方上演。

四、互联浪潮

　　信息革命给人类社会经济结构带来了翻天覆地的变化，引发了社会生产力、生产关系的一系列重大变革。作为信息革命的核心技术和应用之一，互联网的影响空前而深远。

　　互联网技术诞生至今，只有几十年的发展史，直到 20 世纪 90 年代才面向社会大众开启商用进程。时至今日，人类的生产与生活已经离不开互联网，我们难以想象没有网络的世界将会怎样。互联网对人类社会的改变，不但在速度上堪称迅猛，在程度上更是前所未有地深刻，并且正以难以预见的方式持续。

　　我国互联网产业起步晚，但是追赶快，在借鉴国际有益经验的基础上，坚持开放和创新，正确处理安全与发展的关系，互联网用户数、国家顶级域名数量以及网络零售交易额等指标均居全球第一，探索出了一条有中国特色的发展之路。

　　短短数十年的发展历程，大潮激荡、风卷云涌。我国已经成为世界互联网版图上举足轻重的一块，正从互联网大国向互联网强国稳步迈进。

（一）发出中国第一封电子邮件

　　"Across the Great Wall we can reach every corner in the world"，这是中国发出的第一封电子邮件的内容：越过长城，走向世界。这句话如同一个预言，揭开了中国人使用互联网的序幕，更预示着中国通过互联网连通全世界的未来。

时钟拨回到 1987 年 9 月 14 日，在北京车道沟 10 号院的一栋小楼里，来自
中国和德国的 13 位科学家围着一台西门子 7760 大型计算机，正在进行电子邮
件的发送试验（见图 2-48）。

邮件内容写什么呢？当
时是改革开放初期，现场的
王运丰教授和李澄炯博士认
为，应当传达中国人要走出
去、向世界问好的意思。来
自德国卡尔斯鲁厄大学的维
尔纳·措恩教授分别用德语、

图 2-48　中国发出第一封电子邮件

英语进行了输入，随后将邮件发送给包括自己在内的 10 位科学家。

当所有人都以为大功告成的时候，意外再次发生。几次点击发送，邮件
都没有顺利发出，而是被存储在系统内。专家组对硬件和网络进行了检查，
花了一周的时间，发现邮件传输环节有漏洞，无法传输出去。

CNNIC 的互联网大事记中是这样记录的：1987 年 9 月，在德国卡尔斯
鲁厄大学维尔纳·措恩教授带领的科研小组的帮助下，王运丰教授和李澄炯
博士等在北京计算机应用技术研究所建成一个电子邮件节点，并于 9 月 20
日向德国成功发出了一封电子邮件，邮件内容为 "Across the Great Wall
we can reach every corner in the world"（越过长城，走向世界）。①

---

① 关于第一封电子邮件有另一个说法，即 1986 年 8 月 25 日，瑞士日内瓦时间 4 时 11 分 24 秒（北
京时间 11 时 11 分 24 秒），中国科学院高能物理研究所的吴为民在北京 710 所的一台 IBM 计算机
上，通过卫星链接，远程登录到位于日内瓦的欧洲核子研究组织的一台机器的账户上，向位于日内
瓦的诺贝尔物理学奖获得者杰克·斯坦伯格发了一封电子邮件。有专家认为这种方式类似电话传真，
不是真正的电子邮件系统。远程登录能互换信息，但中方没有自己的邮件服务器，无法实现邮件存
储、转发等基本功能。

这封电子邮件通过意大利公用分组网（ITAPAC）设在北京侧的PAD机，经由意大利ITAPAC和德国DATEX-P分组网，实现了和德国卡尔斯鲁厄大学的连接。网络虽然通了，但费用昂贵、速率很低。据核算，当时发一封邮件需要的费用，相当于中国教授半个月的薪水。承载第一封邮件的网络的通信速率是300 bit/s（比特/秒）。

"越过长城，走向世界"，如此具有标志性意义的一句话，出自一名科技工作者。中国最早接触和使用互联网的人基本都是科研人员。

一直到20世纪80年代，中国与海外的沟通还主要依靠写信、打电话与传真的方式。在北京拨打国际长途，要到长安街上的电报大楼，3分钟得花十几元，当时一个大学毕业生每月工资才60元左右。

科技界和高校的精英，尤其是计算机、通信等领域的科研人员，与国外的沟通和学术交流相当不便。迫切的需求与使命，使他们成为中国互联网技术发展的先驱。他们不仅面临国内信息基础设施落后的状况，还面临发达国家的戒备与重重阻挠，重要设备、技术都不对中国开放，计算机软硬件不兼容的问题非常突出。

中国互联网协会首任理事长胡启恒院士曾这样形容中国接入互联网的曲折历程："互联网进入中国，不是八抬大轿抬进来的，而是从羊肠小道走进来的。"

第一封电子邮件的发出是一个重大突破，意味着中国可以直接与欧美各国几乎所有大学、研究中心通信并交换信息。邮件发送成功后，我国不断收到来自法国、美国等国家的邮件回复，甚至还有海外侨胞发来的贺信。

这一中国进入国际科技网的入口也开始变得繁忙。中国科学院、北京大学、浙江大学等20多所高等院校和研究机构，都曾从这一入口登录国际各类科技网站，获取网上资源并交流信息。"羊肠小道"一步步拓宽。

1989 年 10 月，NCFC（National Computing and Networking Facility of China，中关村地区教育与科研示范网络）项目正式立项。项目的主要目标就是通过北京大学、清华大学和中国科学院 3 个单位的合作，做好 NCFC 主干网和 3 个院校网络的建设。

1993 年 3 月，中国提出并部署建设国家公用经济信息通信网（简称金桥工程）。同年 8 月，300 万美元中央预备费获批，用于支持启动金桥前期工程建设。1994 年 3 月，邮电部成立数据通信局，专注于互联网和数据通信发展。

真正具有标志性意义的事件发生在 1994 年 4 月 20 日，NCFC 通过美国电信运营企业 Sprint 公司连入互联网的 64 kbit/s 国际专线开通，实现了与互联网的全功能连接，我国被国际上正式承认为真正拥有全功能互联网的国家。该事件被我国国家统计公报列为中国 1994 年重大科技成就之一，被我国新闻界评为 1994 年中国十大科技新闻之一。

虽然网速很慢，带宽只有 64 kbit/s，但这意味着我国自此正式进入了互联网时代。随后，邮电部开始大规模建设中国公用计算机互联网，CHINANET、CERNET、CSTNET、CHINAGBN 等多个互联网项目在全国范围内相继启动，互联网开始进入公众生活，并得到迅速发展。

（二）浪花一朵朵

1996 年，北京中关村大街当时还叫白颐路，南端街角处竖起了一块巨大的广告牌（见图 2-49），上面写着：中国人离信息高速公路还有多远？向北一千五百米。

这是中国互联网历史上最有名的广告牌之一，也是我国当年互联网时代

的缩影，引起了巨大轰动，
很多人误把它当成了路标，
沿着指示寻找信息高速公路，
至今很多人还记得当时的
震撼。

沿着广告牌的方向往北
1500 米处，是瀛海威科教

图 2-49 中国互联网历史上最有名的广告牌之一

馆。这个科教馆有点像现在的品牌体验店，主要负责教人们上网，介绍互联
网知识，让人们体验"网上冲浪"的乐趣，并向来访者推销"瀛海威时空"
上网客户端软件。

然而在当时，中国人距离信息高速公路远远不止 1500 米。

信息高速公路是指高速计算机通信网络及相关系统，是现代国家信息基
础设施的主体。这一概念在 20 世纪 90 年代初诞生于美国。1993 年，美国
政府正式启动信息高速公路建设计划，将其作为振兴美国经济的重要举措。
随后加拿大、日本以及欧洲发达国家也进入信息高速公路建设行列。

虽然当时我国科学界已经通过 NCFC 项目实现了与国际互联网的连接，
但对普通大众来说，互联网仍然是高不可攀的。基础设施的建设必须先行。

1995 年 1 月，邮电部电信总局分别在北京、上海设立的通过美国
Sprint 公司接入美国的 64 kbit/s 专线开通，并且通过电话网、DDN 专线以
及 X.25 网等方式开始向社会提供互联网接入服务。1995 年 5 月，中国电
信开始筹建 CHINANET 全国骨干网。1996 年 1 月，CHINANET 全国骨
干网建成并正式开通，全国范围的公用计算机互联网络开始提供服务。

公用计算机互联网络的建成，基本解决了人们连接互联网的技术障碍。

有一批意识超前的先驱者已经开始意识到互联网蕴含着巨大的商业机遇。

1995 年生产浏览器的网景公司在纳斯达克上市，成为美国第一家股票上市的互联网产业公司。1995 年，也普遍被认为是中国互联网商业元年。

这一年年初，曾经的记者和成功的策划人张树新与丈夫姜作贤将家当抵押给银行，注册成立了瀛海威公司，提供在线服务网络"瀛海威时空"。瀛海威与美国在线的运营模式相仿，走的是 ISP 与 ICP（Internet Content Provider，互联网内容提供商）捆绑的模式。对用户来说，只要家里有计算机，能够接入互联网，注册成为瀛海威时空的用户，缴纳一笔入网费用，就可以登录瀛海威提供的中文媒体网络系统，浏览新闻、收发邮件、在论坛聊天。

张树新是一名出色的营销策划人，最早提出了"百姓网"的概念，帮助很多人第一次接触和使用了互联网，她还出资操办了《数字化生存》一书的作者尼古拉斯·尼葛洛庞帝首次访华的事宜，让互联网风潮席卷中国。

然而瀛海威的失败似乎也早就注定。用户通过电话线拨号上网，这部分的费用由通信运营商获取。拨号上网成功后，用户想浏览国外的站点，必须通过运营商的主干网。用户浏览国外站点交给瀛海威的费用，还不如瀛海威交给运营商主干网的使用费多。也就是说，用户访问国外站点的次数越多或时间越长，瀛海威赔的钱也就越多。

主营业务不挣钱，同时在营销策划上的投入又巨大。1997 年，瀛海威全年收入 900 多万元，而用于广告宣传的费用支出就有 3000 万元。1998 年，张树新从自己创办的企业黯然辞职。2004 年因年检逾期，瀛海威被吊销营业执照。

尽管遭遇了失败，瀛海威时空网络依然是国内最早也是很长一段时间里唯一立足大众信息服务、面向普通家庭开放的网络。张树新也被誉为中国"第一代织网人"、互联网产业拓荒者。

在互联网的滚滚洪流中，不知有多少浪花像瀛海威一样被吞没，然而同时起步的一些人，最终掀起了滔天巨浪。

1997 年 5 月，丁磊创办网易。

1998 年，张朝阳的爱特信公司正式推出搜狐网。

1998 年 11 月，马化腾等 5 位创始人创立腾讯。

1998 年 12 月，王志东等创建新浪网。

在业界普遍认为的第一次互联网浪潮（1994—2000 年）中，四大门户网站相继成立，并成长为互联网产业的中流砥柱。在它们成长为互联网巨头之前，有不少关于网虫①、"海归"、工程师和程序员的故事。

1995 年，浙江青年丁磊摔了"金饭碗"，从宁波电信局辞职，南下广州。丁磊本科学的是通信专业，他会写软件，喜欢玩无线电，搭建过自己的 BBS 站点，可以说是我国最早的一批互联网用户，并且拥有深厚的专业技术背景，称得上是资深网虫。丁磊先后在软件公司和 ISP 工作了几年后，于 1997 年 5 月自立门户，创办了网易。关于这个名字，丁磊的解释是当时使用网络的人很少，原因是中文网站少、上网费用高，网易要做的是改变这种情况，让上网变得容易。

要达成这一目标，很难。

第一次《中国互联网络发展状况调查统计报告》显示，截至 1997 年 10 月 31 日，我国上网用户数达到 62 万，大部分用户是通过拨号上网，直接上网与拨号上网的用户数之比约为 1∶3。

———————————
① 网虫，nethead，是中国互联网初期对上网用户的称呼。

互联网公司中网在 1996 年推出的包月上网服务的价格是每月 300 元，这个价格在当时很有代表性。要知道，1996 年我国城镇职工的全年平均工资仅为 6210 元。

价格高、内容少，互联网商业化如何突围？通信业出身的丁磊得到了来自通信业的鼎力支持，网易是幸运的。1997 年丁磊拿着自己写的《丰富与发展 CHINANET 建议书》找到了时任广州市电信局数据分局局长的张静君。一番恳谈之后，张静君对丁磊的想法表示了认可。在网易创立之初，广州电信为其提供了服务器、网络带宽电话和办公室。有了电信的服务器和带宽，网易很快提供了免费个人主页服务。

这种合作关系的产生放在今天可能有些难以理解，但当时有其历史背景。中国电信是 CHINANET 的建设者与运营者，其面临的一个问题是：有路无车。网络建好了，但内容尤其是中文内容少，没多少人用。因此在早期，通信业尤其是运营商是互联网商业化发展的重要推手，而在 2000 年互联网泡沫破灭的时候，更成了互联网的"拯救者"。

张静君所在的广东电信系统就成功孵化了网易、163.net、广州视窗、169 网、21CN 等互联网企业，曾经占据全国互联网三分之一的天下。

1997 年微软斥资 3.5 亿美元收购 Hotmail 的消息从大洋彼岸传来，触动了丁磊。Hotmail 创立于 1995 年，是当时全球最大的互联网免费电子邮件提供商。

确定了走免费电子邮件系统开发的路线后，丁磊找来了陈磊华，他们开发出网易的电子邮箱服务系统 163.net。这是网易的第一款"杀手级"产品，被认为是推动网易实现从生存到发展跃迁的关键。1998 年 3 月，163.net 推出后受到狂热追捧，注册用户数以每天近 2000 人的速度增长，半年之后用户数达到 30 万。很多公司上门购买邮箱系统，该系统定价一度达到了每套 10 万美元。

有了个人主页和邮箱系统这两大支柱产品，网易站稳了脚跟，开始向门户网站发展。

当 1997 年网易推出明星级电子邮箱系统的时候，北京的爱特信公司更名为搜狐，张朝阳拉到了第二笔风险投资，得以将公司维持下去。要知道在前一年的 11 月，第一笔融资快要花光了，张朝阳甚至询问公司两名元老级员工能不能推迟一个月发工资，因为需要先交房租。

张朝阳毕业于清华大学物理系，随后前往美国麻省理工学院攻读博士学位，是出类拔萃的人才。1995 年 11 月，刚刚过完 31 岁生日的张朝阳提着两个行李箱回到北京，先是在一家网络公司的中国办事处做首席代表，工作之余寻找风险投资着手创业。拿到第一笔 17 万美元的风险投资之后，1996 年下半年，张朝阳创办了爱特信公司，也就是搜狐的前身。做什么样的网站？主打内容原创还是网页导航？张朝阳选择了成本低得多的后者，将其他网站的内容以链接的形式放到自己网站的"指南针"栏目里，没想到大受欢迎。

借鉴雅虎的超链接和分类目录，几经摸索，搜狐网最终确立了以导航、分类和搜索为主体的网站模式（见图 2-50），走向了门户网站的发展道路。此时对张朝阳来说，最大的苦恼是如何让更多的人知道搜狐网。

机会不经意间降临了。

1996 年，美国学者尼葛洛庞帝出版了《数字化生存》一书，此书连续数周高居《纽约时报》畅销书排行榜榜首。此书被引进中国后也产生了巨大的影响。

图2-50 1998年的搜狐网，网页导航是主要内容

经过多方多番运作，张树新的瀛海威出资操办了 1997 年尼葛洛庞帝首次访华的事宜，活动盛大。《数字化生存》在国内一时之间洛阳纸贵，被认为具有数字革命启蒙的作用。

作为麻省理工学院媒体实验室的主任，尼葛洛庞帝与张朝阳在校期间就有过交流，而且他是张朝阳创业的第一批投资人。如此紧密的联系，使得张朝阳被选为尼葛洛庞帝访华的翻译，全程陪同。

这次活动，让张朝阳"尼葛洛庞帝的学生"的名号被广为传播。更重要的是，通过参加这次活动，张朝阳认识到了营销、推广所带来的巨大收益。直到今天，张朝阳都非常善于和媒体打交道，并且在互联网行业具有相当鲜明的个人品牌形象。

这种形象在搜狐的发展初期非常重要。新浪在 1999 年先后融资几千万美元，后起的 ChinaRen.com、renren.com 等也靠"烧钱"迅速圈地。相比之下，搜狐获得的第二笔风险投资只有 220 万美元。张朝阳凭借个人影响力，介绍互联网、推广搜狐网，向客户推销网络广告。搜狐的工作人员回忆，当时进行销售和推广很难，但如果张朝阳亲自出马，与客户的谈判就会变得容易。

在我国互联网发展还处于"跟随"阶段时，硅谷模式被很多创业者效仿。靠兜售梦想计划书获取风险投资，学习美国成功的商业模式然后本土化，赢得客户与收入后，赴美国资本市场上市，融资后再发展，很多中国互联网创业者都通过这套模式获得了成功，其中既有海归人士，也有具备国际视野的本土创业者。搜狐如此，新浪也如此，两家公司同时在门户网站领域展开竞争。

北京大学无线电电子学系（1996 年更名为电子学系）的王志东，毕业后在"中国硅谷"——中关村创业，被媒体冠以软件天才、程序员领军人物的称号。他创办的四通利方公司一度凭借 RichWin 中文平台在业内处于领先水平。但随着微软等国际软件巨头进入中国市场，四通利方陷入困境。为了寻找投资，1995 年王志东去了 3 次硅谷。硅谷之行不但让王志东获得了投资，更带来了创业方向的转型。1998 年 10 月，四通利方与北美最大的中文网站华渊生活资讯网合并。同年 12 月 1 日，中文门户网站新浪网正式上线。

1997 年前后，国内互联网用户数基本保持着每半年翻一番的增长速度。网易、搜狐、新浪都在 1998 年明确了门户网站的发展方向，根本原因在于当时互联网上中文信息的匮乏与用户的迫切需求之间的矛盾。门户网站的核心作用是进行互联网新闻传播，经过几次新闻事件，互联网传播的优势得以凸显，人们获取信息的模式开始改变。

1998 年法国世界杯比赛期间，新浪网的前身利方在线推出了世界杯网站，靠从巴黎发来的大量一手消息，点击量骤增。世界杯八分之一决赛，利方在线创下了 300 万人次的访问记录；整个世界杯期间，利方在线的广告收入达 18 万元人民币，这在当时可是个大数字。后来新浪网靠着快速、全面的报道，树立起了新闻品牌，超越雅虎，成为当时第一中文门户网站。

对于门户网站，向来有"三大"和"四大"两种说法。同样成立于 1998 年的腾讯最初是一家专注于即时通信的公司，直到 2003 年才确立了网络游戏和门户网站两大战略方向，因快速发展而跻身"四大门户网站"。腾讯与阿里巴巴、百度合称为"BAT"，成为第二次互联网浪潮（2001—2009 年）的三巨头，则是后面要讲的故事。

1998 年 12 月 29 日至 30 日，我国第一次邮政、电信资费听证会在北京南粤苑宾馆举行。对于这次没有面向社会公开的会议，信息通信业权威媒体《人民邮电》报是这样报道的："会议由国家计委和信息产业部主持召开，就调整和改革邮政、电信资费结构，广泛听取社会各方面意见。邮政和电信运营者、用户代表，国务院有关部门、社会团体及省级物价、邮电管理部门代表，部分经济和邮电专家、学者及消费者协会、社会团体代表近五十人参加了听证会。"

两个多月后，1999 年 3 月 1 日，我国电信资费进行结构性调整，其中互联单位用于因特网互联的国际半电路（2 Mbit/s）月租费标准降至 32 万元；拨号上网用户的网络使用费降至每小时 4 元（最初为 20 元）。此后经历多次调整，互联网上网资费一路下降，极大地降低了人们使用互联网的门槛。

1998 年 7 月，全国科技名词审定委员会公布了 56 个科技新名词。"网民"

首次被确定为"互联网用户"的中文名字。CNNIC 将它定义为：平均每周使用互联网 1 小时（含）以上的中国公民。

在互联网这片新兴的热土上，每天都在诞生新的公司，每天都有"淘金者"进入，每天都在创造新的纪录。这些公司与全体网民一起，带着狂热与期待，一起进入新世纪。

（三）冬之寒流

2000 年，联想公司推出了一款名为同禧100 的计算机，没想到一上市就引起购买狂潮，不但样机被一抢而空，很多外地的销售点甚至给客户打起"白条"。热卖的原因很简单，售价仅为 5999 元。

要知道在当时，一部台式计算机的售价动辄上万元。计算机就像曾经的自行车、手表、电视机，成为最受追捧的日用品。这款产品代表了家用计算机的发展方向：强大的网络功能与傻瓜化的易用性能。得益于硬件成本和使用门槛的降低，我国家用计算机迎来普及高潮，网民数日益攀升。统计数据显示，截至 2000 年年底，我国上网用户数达 2250 万，其中拨号上网的用户数约为 1543 万。上网用户数从几十万到几千万，只用了 3 年时间。

不断完善的硬件、迫切而旺盛的需求、庞大又快速增长的市场，让互联网的发展前景一片光明。

中华网这个名字很多人可能并不熟悉，但 www.china.com 的域名，已经充分显示出这个网站的不一般。1999 年 7 月，中华网在纳斯达克上市，成为第一家在纳斯达克上市的中国互联网公司。即便在最风光的时候，中华网在最受用户欢迎网站的排名中都很难进入前十，成功上市的最重要原因在于高超的资本运作。当时中华网的 IPO（Initial Public Offering，首次公开募股）达到 9600 万美元，股价一度高达 220.31 美元，市值更是超过 50 亿美元。"中国＋互联网"就是那个时代资本市场上的"财富密码"。然而，时过境迁，2011 年，中华网投资集团在美国提交了破产保护申请。

因资本运作而生，又因资本抛弃而衰，中国互联网纳斯达克第一股给后来者提供了充分的经验样本。

赴美上市，对当时践行硅谷模式的中国互联网公司来说，是检验创业是否成功最重要的一环。2000 年 4 月 13 日，新浪成功在纳斯达克上市；6 月 30 日，网易在纳斯达克股票交易所正式挂牌交易；7 月 12 日，搜狐正式在纳斯达克挂牌上市。

开启这一波资本盛宴的是 2000 年 3 月 1 日在香港股市创业板上市的 tom.com，它隶属于和记黄埔集团旗下。当时的华人首富李嘉诚联手年增长率高达 200% 的互联网产业，资本市场为之疯狂。tom.com 拿到了创业板市场"一哥"（8001）的编号，超额认购达 669 倍，上市当日股价超出招股价 4 倍以上。即便在上市时，tom.com 的账面还是亏损的，但还是挡不住人们对科技股和互联网概念的狂热。

身处 2000 年的春天，互联网的未来看起来阳光灿烂。在香港股市中，互联网概念受到追捧。3 月 10 日，以科技股为主的纳斯达克指数创下 5048.62 点的最高纪录，比前一年翻了一番还多。

国内的情景也不遑多让。"互联网""网络"等成为流行热词，网站如雨后春笋般注册、成立，街头到处都张贴着各种网站广告。几个人买台计算机，接入互联网，申请一个域名，做几个网页，就能受到风险投资的追捧。无论是做房地产的，还是搞百货的，都开始做".com"".net"的生意。

"烧钱"砸广告→点击率暴涨→上市→套现，一旦踏上这条充满诱惑与风险的"魔鬼旅程"，就难以回头。2000年2月4日，马上就要过春节了，张朝阳在办公室里一遍又一遍地看上市的相关文件。下午，他终于做出决定，提交纳斯达克上市申请，此时距离搜狐网正式上线只有两年时间。

"其实我也知道泡沫正在破灭，但怎么能不上呢？硬着头皮也要上。"2000年3月30日，王志东带领新浪的路演团队从我国香港出发，经由新加坡、伦敦，前往美国。离开伦敦的那天，纳斯达克指数跌了500多点。但他们仍然按照原计划进行了IPO。

2000年4月13日，新浪正式登陆纳斯达克股票市场，开盘价为17.75美元，最高价为29.125美元。这个成绩让新浪感到沮丧。要知道，在疯狂追捧互联网概念的年代，市值从0到27亿美元，网景大约花了1分钟，相比之下，传统公司如通用动力花了43年。

但是后来者就没有这么幸运了。6月30日，网易在纳斯达克上市。第一天就跌破了15.5美元的发行价，跌幅近20%，被媒体称为"流血上市"。7月12日，搜狐成功登陆纳斯达克，幸运地在第一天没有跌破发行价。

当时的《华尔街日报》刊登了一篇题为《烧光》的调查文章，记者调查了几百家互联网公司后，发现将有一半的公司发不出工资，剩下的大部分公司在接下来的几个月内也会花光资金，如果不能得到融资，这些公司都要面临倒闭的困境。

纳斯达克指数靠着互联网科技的概念在短时间内快速上涨，当指数像立起的针一样被急速拉升时，大崩溃即将来临。

创下5048.62的高点后，纳斯达克指数开始暴跌，到2002年9月只剩1172.06点，跌了77%的市值。当时的纳斯达克指数情况见图2-51。

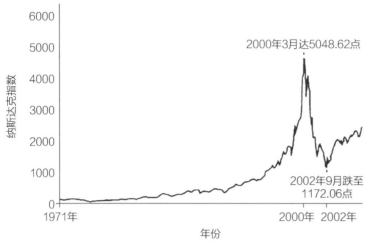

图 2-51 当时跌宕起伏的纳斯达克指数

作为我国互联网企业在资本市场的代表，三大门户网站也无法独善其身，股价连连下挫。新浪股价曾跌到每股 1.02 美元。网易股价曾连续 9 个月跌破 1 美元，最低时只有 0.52 美元，一年内市值蒸发 90%，2001 年更是遭遇停牌。

纳斯达克股市崩盘，互联网泡沫破灭，全球互联网产业进入寒冬。据统计，此后一年多的时间里，全球有近 5000 家互联网公司倒闭或者被并购。在中国，成千上万家公司消失了。FM365、炎黄在线、找到啦、亿唐、"酷！必得"等，也曾经与三大门户网站并肩，它们是第一代互联网浪潮的开拓者，都倒在了凛冽寒风中。

是什么导致了千禧年互联网泡沫的破灭？

数字经济对规模有天生的追求。100 万成本搭建的平台，有 1 个用户时单用户成本是 100 万，有 100 万个用户时，单用户成本是 1 元。用户数增加，就能摊薄单用户成本，提高效益，于是互联网企业总是在追求圈地与扩张。

雅虎作为第一代互联网"巨无霸"，以全新的、开放的、免费的模式进行扩张。在互联网刚刚兴起的时候，以美国在线为代表的公司还停留在"电信思维"，努力发展付费的拨号上网用户。雅虎祭出了免费大旗，用户给通信运营商交了上网费用后，使用雅虎无须再花钱。

"羊毛出在狗身上，让猪来买单"，吸引了足够多的用户后，通过互联网广告让广告主来付费。当这种模式被复制后，跟风的公司都陷入了规模扩张的狂热中，大幅预算用来打广告、扩张知名度，然而当时规模有限的互联网广告市场根本无法承受给整个行业买单。当市值几亿甚至千亿美元的公司仍然无法实现盈利的时候，泡沫一戳即破。2000 年，雅虎作为第一家市值达到 1000 亿美元的互联网公司，股值蒸发超过 90%。

试图摸着"雅虎们"过河的中国第一代互联网公司，也被石头绊倒了。在吸引了越来越多的网民上网的同时，他们不知道该如何实现盈利。"眼球经济"如何转换为真金白银？受到资本市场追捧时风光无限，从神坛跌落后，最重要的是活着。

当发展进入低潮期，很多人追问，中国什么时候才会出现一个 100 亿美元市值的互联网公司呢？

生机往往就在危机中孕育。

（四）野百合也有春天

2000 年 11 月 10 日，中国移动宣布推出移动梦网（Monternet）计划，于当年 12 月 1 日正式实施。就是这则不起眼的消息，开启了一个百亿级的市场，为苦苦挣扎的中国互联网企业"续了命"。

中国移动当时就提出了"将全社会带入移动互联时代"的宏伟计划。2001 年 5 月，移动梦网业务进入商用阶段（当时的营业场景见图 2-52），用户可以通过手机进行购物、娱乐和获取股市即时信息等。

图 2-52 移动梦网业务提供商用

移动梦网的成功根本在于运营模式的成功：以移动梦网为载体，向服务提供商 / 内容提供商提供一座连接用户的桥梁；中国移动将拥有的 WAP 平台、短消息平台向各类合作伙伴开放，并以"一点接入，全网服务"为目标，升级和完善计费系统。

中国移动作为搭建者和管理者，以移动梦网为中心，聚集起众多移动互联服务提供商，向手机用户提供增值服务。这一套系统的运营内核，与后来移动互联网时代由 iOS、安卓代表的生态系统是一致的，而中国移动的行动比移动互联网巨头们早了近 10 年[①]。

在这个产业链里，互联网公司是运营商的合作伙伴、服务提供商 / 内容提供商，它们成为移动互联服务提供商。移动梦网的出现为互联网公司解决了一个最根本的问题——盈利。

移动梦网的盈利模式是，由电信运营企业提供平台，服务提供商 / 内容提供商为用户提供各种增值服务，这些增值服务由用户通过缴纳手机资费的方式付费使用，而这部分增值服务费由运营商和服务提供商 / 内容提供商按比例进行分成。

图 2-53 示出了 1991—2000 年我国移动通信用户数的增长情况。截至 2000 年年底，我国上网用户约为 2250 万户。同期，我国移动电话用户为

---

① 移动梦网在一定程度上借鉴了日本运营商 NTT DoCoMo 的 i-mode 模式，但后者由于半封闭结构和对产业链松散的组织能力，并未取得像移动梦网那样巨大的成功。

8453 万户。电信运营企业对移动电话用户有着稳定而清晰的收费模式。移动梦网的启动，相当于将数量翻番而且拥有固定缴费习惯的用户一下子推到了互联网公司面前，能不能从用户那里赚到钱，就各凭本事了。

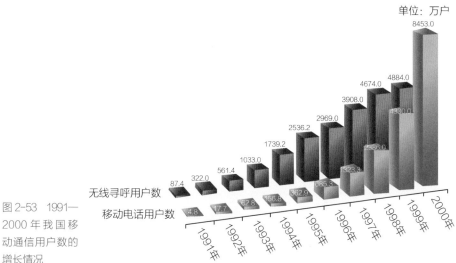

图 2-53　1991—2000 年我国移动通信用户数的增长情况

移动梦网为用户提供了丰富的数据应用服务，包括"移动新闻""手机贺卡""移动 QQ""移动炒股""手机游戏"等。移动梦网更是直接开启了"短信时代"，催生了"拇指经济"。中国移动与服务提供商 / 内容提供商为用户提供的增值服务内容通过短信平台展示，同时它们也通过短信收费获取收益。

2001 年全国短信发送量为 189 亿条，2002 年猛增到了 800 亿条。通过短信平台，中国移动和服务提供商为用户提供增值服务并获取收益。

其后，中国联通的"联通在信"、中国电信的"互联星空"、中国网通的"天天在线"等纷纷推出，将市场蛋糕不断做大。

有了成熟的产业模式、稳定的客户群、清晰的盈利模式，互联网公司迅速抓住了这一机遇。

丁磊率领网易，率先冲了进去。

2001年1月，网易入选移动梦网的第一批合作伙伴，并且将所有频道和业务与短信挂钩，压上重注。2000年网易的收入是240万元；2001年为1410万元，增长近490%。2002年网易的移动增值业务收入暴增至1.61亿元，并首次实现年度盈利4300万元；2003年收入达到2.8亿元。顶峰的时候，移动增值业务收入占网易总营收的比例超过七成。

获益的不只是网易。最早加入移动梦网的服务提供商／内容提供商，在初期业务量呈几何级数增长，每月短信都在千万条以上，公司收入随之不断增长。新浪、搜狐、网易三大门户网站都曾表示，移动梦网的短信是它们的主要业务之一。

一毛钱左右一条的短信，帮助我国互联网企业走出了亏损的泥潭。空中网等更是靠移动增值业务才拿到上市融资的入场券。在2003年的"中国富豪榜"上，丁磊名列第一，他是中国互联网界诞生的第一个"首富"。

当1993年世界上第一条手机与手机之间的短信由诺基亚的一名实习生发出时，谁都想不到数年后短信成为挽救中国互联网企业的"金手指"。

当三大门户网站依靠移动增值服务终于走上了盈利的道路时，互联网发展的第二波浪潮经过长时间的孕育即将爆发。社交与电子商务将站上浪潮之巅，BAT（百度、阿里巴巴、腾讯）"三驾马车"开辟了中国新一代互联网格局。

中国互联网的第一代创业者中，科技精英是重要的力量，李彦宏是其中之一。北京大学毕业后，李彦宏赴美留学，攻读硕士学位期间就曾在国际权威学术期刊发表论文，发明了"超链分析技术"，该技术在当时搜索引擎技术术中排名前三。

百度于 1999 年创立，初期作为后台服务提供商，为门户网站做搜索引擎支撑。新浪、搜狐、ChinaRen 等主流门户网站都是百度的客户。随着 2000 年互联网泡沫的破灭，门户网站都自身难保，百度的发展一度面临困境。

2001 年，李彦宏与董事会大吵一架后，获得主动权，开启了百度的一次决定性战略转型：做搜索门户网站，并且在国内首创了竞价排名的商业模式。2001 年 8 月，baidu.com 搜索引擎 Beta 版上线，直接为个人用户提供服务，图 2-54 示出了 2002 年的百度搜索引擎页面。

图 2-54 2002 年的百度搜索引擎页面

竞价排名成为百度发展壮大的"财富密码"。商家一起对搜索关键词进行竞价，谁给的单价高，谁的网页在搜索结果中的排名就靠前。用户每点击一次网页，商家就要给百度付一次费用。

于是，百度快速成长为首屈一指的搜索门户网站。2008 年的一次调查显示，"每 100 次网页搜索中，73 次来自百度"。高峰时期百度搜索的市场份额达到近八成。在垄断性地位的支撑下，无论是国际知名企业还是中小厂家，在竞价排名的"游戏规则"中为百度贡献了大量的利润。同样，"人为干预结果""勒索营销"等指控也不绝于耳，这种模式引发的非议一直延续到今天。

20 世纪 90 年代开始创业的第一代中国互联网领军人物中，有一位成为出现在《福布斯》杂志封面上的第一个中国企业家，他就是马云。马云于1995 年进入互联网领域。他创立的"中国黄页"被收购后，在中国国际电子商务中心任职过一段时间，并开始接触电子商务。1999 年马云返回杭州，二次创业，开启了阿里巴巴的故事。

时势造英雄，阿里巴巴的崛起与"非典"密切相关。2003 年年初，"非典"暴发并对社会造成巨大影响。人群聚集和人员接触的大幅度减少，改变了人们长久以来的购物习惯。据北京市商务委员会（2018 年更名为北京市商务局）统计，2003 年"五一"假期期间，王府井百货等大型商场的销售额同比下降 90%。

特别是"非典"期间与国际交流的中断，给跨境电子商务平台阿里巴巴带来了巨大机遇。早在 2000 年，阿里巴巴就已经是全球最活跃的 B2B 网站，对接了国内外商户的需求，网站活跃度激增。自 2003 年 3 月起，网站每天新增会员 3500 人；每天新增商机信息 9000 ～ 12 000 条。而在此前两年，阿里巴巴网站平均每天发布的商机信息在 3000 条左右。

2001—2002 年，易趣、当当等都难以实现盈利，75% 的国内第一代电子商务企业退出市场。在"非典"肆虐时，电子商务企业终于感受到了难得的温暖。更重要的是，"非典"虽然结束了，但人们进行网络购物的习惯却延续了下来。根据商务部统计，2003 年有过网上购物经历的网民比例达到40.7%，比上一年提高了 20.4%。2003 年上海市电子商务交易额达 504.4

亿元，比 2002 年增长 98.7%。中国电子商务度过了艰难的"启蒙期"。

2003 年我国网民通过网上购物购买最多的是书刊，其次是计算机及相关产品、音像器材及音像制品、通信产品等。当时排名靠前的 B2C 网站当当、卓越等都以销售书刊和音像制品为主，还有广大的市场空间亟待开拓。

阿里巴巴走上快速发展轨道后，2003 年 7 月斥资 1 亿元成立了淘宝网。它的对手是在 C2C 市场中拥有近九成份额的易趣网。凭借卖家进驻全免费模式以及"终极武器"支付宝，淘宝网只用了两年时间就成为国内 C2C 领域的领军者。易趣网尽管与 eBay 网强强联手，但仍然节节败退，于 2006 年放弃了国内 C2C 市场并出售了股份。

当阿里巴巴在电子商务市场上一骑绝尘之时，腾讯在社交领域也开始建立垄断性的优势。

1998 年腾讯公司在深圳成立，以马化腾为首的创始股东有 5 个。做寻呼、系统集成、程序设计、网页，腾讯涉及的业务领域很庞杂，和同期的众多互联网创业公司相比没什么特别的，如果不是拥有一个叫 OICQ 的副产品（早期版本见图 2-55）的话。

从模仿当时全球最火的即时通信工具 ICQ 起步，OICQ 1999 年推出的特有的离线消息、个性化头像等功能，是其快速发展的关键。当时，除了少数家庭拥有计算机与家庭宽带之外，大多

图 2-55　早期的 OICQ

数普通网民需要在网吧上网。腾讯将信息存储在服务器上，使得用户在任何

一家网吧、任何一台计算机上都能够顺利使用 OICQ。

本土化改造使得 OICQ 迅速积累了大量用户，上线不到一年就拥有 500 万用户；2001 年 QICQ 更名为 QQ；2001 年年初 QQ 注册用户达 5000 万。

极速成长的"副产品"消耗了巨大的服务器和宽带成本，差点把腾讯拖垮。腾讯一度想出售 QQ，积极寻找买家。在当时互联网泡沫破灭的大环境下，几经波折，腾讯获得了二次融资，南非 MIH 集团入局，成为最大的单一股东。凭借这次投资，MIH 在腾讯上市后获得了千亿美元的回报。

融资总有花完的一天，真正让 QQ 实现盈利的是借助移动梦网浪潮推出的移动 QQ。腾讯是第一批加入移动梦网的互联网公司之一。移动 QQ 实现了手机用户和 QQ 用户的信息互通，通过短信随时交流。短时间内移动 QQ 的用户数量和业务量都得到了大幅增长。

2001 年 3 月的数据显示，移动 QQ 带来的手机短信发送量达 3000 万条，超过移动梦网计划实施以来业务量的一半。很长一段时间内，腾讯在移动梦网服务提供商中排名稳居第一。移动梦网的"二八分账"模式（运营商占二成，SP 占八成）也使腾讯实现快速盈利。到 2001 年年底，腾讯纯利润超过 1000 万元。2004 年 6 月 16 日，腾讯在香港上市，成为第一家在香港上市的内地互联网企业。

中国互联网企业获得移动梦网等"输血式"的拯救，迅速从泥沼中走了出来。2003 年 12 月 9 日，携程旅行网登陆纳斯达克，成为互联网泡沫破灭后第一家回到美国资本市场的中国互联网企业。携程旅行网上市当天收盘价比发行价上涨超过 88%，由此掀起了第二波中国互联网企业境外上市的热潮，"中国 + 互联网"的概念再次成为资本市场的宠儿。

以 BAT"三驾马车"为首，携程、盛大、当当、迅雷、京东、金山等互联网企业在各个垂直领域取得成功。当时的中国互联网"江湖"中，还有雅虎、谷歌等国外巨头竞逐。2007 年，腾讯、百度、阿里巴巴市值先后超过100 亿美元，跨入了世界一流互联网企业的阵营。

2008 年 6 月，我国网民规模达到 2.53 亿，超过美国跃居世界第一。截至 2008 年年底，我国网民规模达到 2.98 亿，较 2007 年增长 41.9%；互联网普及率为 22.6%，超过全球平均水平；手机上网网民有 11 760 万人，较 2007 年增长 133%。面对全球最大的消费群体和高速增长的市场，我国互联网即将启动高速发展与超越模式。

（五）挺立全球移动互联潮头

2009 年年初，发生了一件对中国网民来说具有深远意义的大事。1 月 7 日，工信部分别为中国移动、中国电信、中国联通发放了 3G 牌照，这标志着中国进入 3G 时代。

对大多还在使用 2G GSM 制式手机，除了语音通话，顶多使用彩信、WAP 网站的用户来说，这件事所产生的影响直到几年后他们才体会到。

3G 开启的是全新的移动互联网时代。当时移动梦网模式的红利期已经接近尾声，电信运营企业为了推广 3G 不遗余力，积极寻求"杀手级"应用，主打视频、游戏、音乐等。但是没想到第一个堪称"杀手级"的应用先"砍"了运营商一刀。

2010 年，诺基亚正式向用户推出即时通信工具 Skype，它随即风靡全球，高峰期拥有超过 6 亿注册用户。Skype 引领了 OTT（Over The Top，过顶传球，指互联网公司越过电信运营企业发展各种业务）模式的兴起，互联网公司利用运营商提供的网络，开发基于互联网的各种服务、业务，将用户和收费直接抓在自己手中。

运营商对于沦为"通道"的命运心有不甘但又无可奈何。基于开放互联网的 OTT 模式大行其道,互联网企业开始"独立行走",产业发展再上一个台阶,而用户入口争夺战愈演愈烈。

在急遽变化的形势中,任何互联网企业都不能掉以轻心,竞争优势有可能转瞬即逝。

2009 年 8 月,新浪网推出微博内测版,一年之后用户数达到 5000 万。受到刺激的其他门户网站也纷纷加入微博大战中。搜狐主打名人牌,引进一众娱乐明星吸引流量;网易引入股票、漫画等内容,试图打造互动式社区;腾讯借助平台优势用移动 QQ 推广手机微博,一度与新浪呈并行领先态势。

然而此时的互联网生态已经进入"赢者通吃"的阶段,新浪微博的领先优势难以撼动。随着搜狐式微、网易和腾讯主抓游戏,在微博领域的竞争成为四大门户网站最后一次势均力敌的拼杀,随后它们在不同的赛道各有起伏。

此后,"微博"在中文互联网语境下等同于"新浪微博",并且因为巨大的公共传播效果,始终在中国互联网界占据重要席位。

在微博上的失利对腾讯打击很大,尤其是在士气方面。从 QQ 开始顺风顺水的腾讯很少在战略性产品上遭遇失败。2010 年爆发的"3Q 大战"(腾讯与 360 之争)更让腾讯腹背受敌,对它的社会舆论评价也降到了低点。

假如没有微信的诞生,腾讯会不会成为陨落的巨头?这个问题很多人假设过,但鲜有人能回答。2011 年 1 月 21 日微信 1.0 测试版上线,它拥有聊天、分享照片、换头像等功能。10 年后,微信日活跃用户 10.9 亿,有 7.8 亿人每天翻看朋友圈,3.6 亿人每天浏览公众号来获取对外界的认知。

"微信之父"张小龙，一个曾经因为开发了免费的 Foxmail 而导致状况拮据，被《人民日报》的时评文章认为是"悲剧人物"的码农，自此成了"程序员之神"。

无论微博、微信、淘宝、支付宝，在移动互联网的"江湖"中都是用户入口，它们通过接纳第三方开发者、提供多样化的服务与应用，进而发展为平台与生态系统。百度搜索在移动端的份额被各种社交平台侵蚀，在打造移动互联网入口的过程中尝试过浏览器、应用市场、O2O（Online To Offline，线上到线下）等，都没有获得垄断级的优势。当腾讯、阿里巴巴率先成为千亿美元市值的企业后，百度在"BAT"中已经掉队。

移动互联网入口之争最终引发平台之战，互联网巨头纷纷投资、收购，扩充己方阵容。原来壁垒分明的领域划分也开始变得模糊。腾讯入股京东，阿里巴巴投资新浪微博；阿里巴巴推广社交软件"来往"（后更名为"点点虫"），微信支付正面挑战支付宝，"AT"两大巨头开始步入对方地盘进行"拼杀"。

2010 年，划时代意义的产品 iPhone4 的问世，重新定义了手机，其应用商店 App Store 则重塑了移动互联网生态，终端厂商在产业中的话语权变强。国内迅速崛起了以"中华酷联"[①]、小米、vivo 等为代表的智能终端厂商，与三星和苹果展开国内、国际竞争。

苹果的崛起带来了 App 的繁荣时代，使得移动互联网的创业门槛极大降低。只要有个好的创意，能拉到投资，就能通过 App 在应用商店的平台上快速获得用户接入。2011 年 4 月，车库咖啡在中关村开业，号称全球第一家创业主题咖啡厅。各路充满梦想和激情的人们汇聚在这里，勾画未来、寻求

---

① 指中兴、华为、酷派、联想。

支持。

除了美国，中国就是全球移动互联网创业的另一片热土。据清科数据统计，2011 年，我国有上百家移动互联网 App 开发公司获得国外的风险投资。

走过了十几年的模仿之路，中国互联网已经开始与全球领先水平比肩。

2012 年 6 月底，我国手机网民数量（3.88 亿）首次超过台式机网民数量（3.8 亿）。手机超越计算机成为使用量最大的上网终端。只要有一部手机，就能接入互联网；人们生活的各个方面都与互联网密不可分。

当智能手机支持随时随地的互联网接入，一股 O2O 的浪潮席卷中国，互联网终于开始破虚入实，走上了与实体经济相结合的发展道路。

O2O 的模式起源于美国，但在中国却走出了全新的发展路径。中国 O2O 企业无论估值还是商业模式创新，都走在全球前列，在衣食住行等领域极大地改变了中国人的生活。

互联网用车领域的滴滴、快的、易到、神州等迅速崛起。滴滴、快的之间的补贴之战一度厮杀到你死我活，最后二者竟然握手合并。

外卖领域中的美团与饿了吗各自背靠腾讯与阿里巴巴开展"烧钱大战"，更在法庭上不断交锋。

号称"新四大发明"之一的移动支付走在全球的前列，直接推动了我国数字货币的发展。特别是 2013 年 4G 牌照发放以后，覆盖广、速率快、高质量的移动网络为移动支付的快速发展提供了源源不断的动力。我国移动支付的规模和普及率均居世界第一，存款、取款和汇款几乎都实现了实时到账。网上消费的蓬勃发展让城乡居民的生活更加方便。数据显示，2020 年我国 74% 的互联网用户每天都会使用移动支付，较 2019 年提高了 4.4 个百分点。操作简单方便，是绝大多数用户选择移动支付的主要原因。

有"互联网女皇"之誉的玛丽·米克尔，早在 2013 年发布的互联网趋势报告中就提出"向中国学习"，理由是中国互联网在体量上的优势及商业创新。

中国互联网企业开始输出技术、标准和商业模式。蚂蚁金服在印度投资的 Paytm 公司，使用了蚂蚁金服和支付宝的标准与技术；百度收购了巴西最大的团购网站 Peixe Urbano；趣加（FunPlus）、腾讯、网易等企业纷纷借移动游戏"出海"，取得了不错的成绩；东南亚排名靠前的电商平台背后，都有中国电商巨头阿里巴巴、京东等的身影。

我国建成全球最大规模的高质量 4G 网络，拥有全球最多的 4G 用户群体，这直接刺激了网络直播、短视频等的爆炸式发展。抖音、快手等头部短视频平台迅速发展，MCN（Multi-Channel Network，多频道网络，一种新的网红经济运作模式）遍地开花。

从追随到引领，中国用了不到 30 年的时间成长为互联网大国，迈向互联网强国。

（六）互联网改变一切

1994 年，中国成为第 77 个全功能接入国际互联网的国家。

2018 年，美国发布的《互联网趋势报告》中指出，全球排名前 20 位的科技公司中，中国公司占据了 9 席，其余均为美国企业。

这只是中国互联网"弯道超车"式发展的例证之一。

互联网的发展极大地开拓了用户获取信息的途径，更深入人们生活的方方面面。办公、出行、支付、娱乐、餐饮、购物、社交等，处处都有互联网信息服务的身影，几乎不可想象没有互联网的日子。

随着"互联网＋"的推进，传统经济与互联网的结合驱动了产业的融合发展。O2O引领互联网与服务业的融合创新，增强了服务与需求的匹配度，激发了新的服务业态与消费空间。电子商务的繁荣带动物流行业的快速发展，服务水平显著提升的同时，快速形成了千亿级别的产业。互联网金融的崛起推动了金融领域的创新，降低了金融服务的门槛，更加灵活高效地满足了多样化的金融需求。"互联网＋交通"催生出行新模式，导航、定位、电子客票等服务显著提升了公共出行的便利性，更有全新服务业态——网约车满足了个性化出行的需求。

此外，我国互联网在提升公共服务水平、建设特色网络文化、塑造新媒体传播空间等领域，都取得了有目共睹的成绩。

立足国情，紧扣时代脉搏。我国互联网的快速发展，得益于改革开放的政策、国内经济的持续发展、信息通信基础设施的高质量广覆盖，也得益于国内外先进经验和技术不断涌现。

我国互联网之所以成长为世界互联网产业"双极"之一，具有前瞻性的监管是重要的"护城河"。

当年，受到美国方面的技术封锁与排挤，中国在欧洲科学家的帮助下才发出了第一封电子邮件，这比世界上第一封电子邮件的发出晚了近20年。20年后，中国发展出能与美国相提并论的互联网产业，并且有能力进行资金、技术、商业模式的输出。而欧洲除了几个昙花一现的产品，没有一家能够进入全球前20名的互联网企业，只能眼睁睁看着自身的互联网市场被美国公司占领，成为产品的"倾销地"，网络主权与网络安全都面临极大的隐患。

　　我国是最先主张网络主权的国家之一。在具有前瞻性的监管政策的扶持下，国内互联网企业得到了快速发展。雅虎、微软、谷歌、亚马逊、美国新闻集团、Facebook 等跨国巨头，都曾经大力开拓中国互联网市场。然而由于本土化水平弱、忽视中国用户的需求等，加上本土互联网企业的激烈竞争，国外巨头大多折戟沉沙，为自己的傲慢付出了代价。

　　中国互联网的繁荣发展，也让世界上越来越多的国家更加有意识地抵制网络霸权，重视网络主权。

　　很多讨论互联网发展的论著经常忽视一个根本性的问题：信息基础设施的建设是互联网发展的基石。在一些网络舆论的论调中，电信运营企业被看成互联网企业的对立面，似乎是制约互联网发展的势力。实际上，电信运营企业和互联网企业是数字经济发展的一体两面：作为国有企业的运营商承担起网络基础设施建设的重任，体制灵活的互联网企业为社会提供了多样化的应用与服务。

　　没有基础网络的互联网是无根之木、无源之水。当前，能够通过手机信号连上互联网的区域面积，不到地球总面积的 20%。根据中国信息通信研究院 2020 年 10 月发布的《全球数字经济新图景（2020 年）——大变局下的可持续发展新动能》，全球至今还有 30 亿人没有接入互联网。

　　相比之下，在国家顶层设计的引领下，我国已经建成世界上规模最大的光纤宽带网络和 4G 宽带网络，宽带网络发展水平已迈入世界先进行列；4G 用户渗透率超过 80%，在全球处于领先地位。同时，5G 网络建设发展也在快速推动。

　　1993 年，在外汇储备紧张的情况下，国务院批准使用 300 万美元总理预备费支持启动金桥前期工程建设，我国开始了公共互联网接入建设，才有后来中国互联网的第一波创业浪潮。21世纪初互联网经济泡沫破灭，中国互联网企业被国外资本市场抛弃的时候，电信运营企业启动的"移动梦网"计划助力第一代互联网企业实现盈利，实现了对产业的"输血式"拯救。近年来，在利润持续下滑、发展速度减缓的情况下，我国电信运营企业完成电信固定资产投资超过1万亿元，仅用一年多时间就建成了全球规模最大的4G网络。随着基础网络发展水平再上一个新台阶，我国互联网的发展又迎来一波创新高潮，并且快人一步，在短视频与直播领域取得先发优势，引领了全球的互联网风潮。

受多种因素的限制，长期以来我国广大偏远地区的网络发展水平滞后，投资建设成本高、收益低，企业意愿不强烈，市场调节失灵。2015年启动的以光纤宽带通达和4G网络全面覆盖为主要内容的电信普遍服务试点工作，由运营商充当主力。截至2020年年底，我国行政村通光纤比例已经超过99%，4G网络覆盖率超过99%，基本实现了农村与城市"同网同速"。没有不计成本的普遍服务工程，互联网企业在"下沉市场"就难以实现开拓性的成功，拼多多、趣头条、快手等新兴势力也难以实现快速成长。

特别是提速降费行动实施5年多来，让利超过7000亿元，移动、固定宽带平均下载速率提升了6倍以上，上网费率降低了90%以上。消费者得到实惠的同时，互联网企业成为最大的红利受益方，我国的移动互联网取得了飞速的发展。

现在5G建设发展已经按下"快进键"，开启了从消费互联网向产业互联网的大转折。已经有一些互联网企业瞄准工业互联网、自动驾驶等领域，站在风口上。

我国互联网产业抓住了时代赋予的机遇，一方面在国家的大力扶持下获得持续发展的基础与动力，另一方面从未停止开拓创新、提升自己的迭代优化更新能力，在激烈的竞争中始终保持强劲的竞争力。

　　我国拥有具备国际竞争力的互联网产业群，涌现出有世界级影响力的互联网企业，构建了具有中国特色的互联网发展生态。

　　互联网潮涌东方，直挂云帆济沧海。

五、我"芯"澎湃

小小芯片，无处不在。

很多人以为芯片就是计算机和手机里的 CPU（Central Processing Unit，中央处理器），其实不然，芯片无处不在。大到航天飞机、医疗设备、数控机床、汽车，小到生活中常见的冰箱、洗衣机、空调、电视、路由器、红绿灯，甚至手机充电器、身份证、银行卡，里面都有芯片的身影。芯片就像人的大脑，控制着它所在物品的运行。

然而，这样一个小小的芯片，却是我国几代科研工作者的切肤之痛，是被攥在别人手中的"卡脖子"技术之一。由于芯片背后带动的是一个产值特别庞大、下游应用产品极为丰富的信息产业，对国民经济的直接贡献率和间接贡献率非常高，芯片产业成为各国"兵家必争之地"。我国也因庞大的市场规模、持续的高增长速度、技术的创新突破，成为美国等传统芯片强国的打压对象。

经过 60 多年的发展，全球芯片市场风云变幻，霸主地位几经变化，我国芯片产业起步较早，却饱经风霜。回望来时的路，历经坎坷，几多心酸曲折；展望未来的路，曙光初现，仍须接续奋斗。

（一）大国博弈的核心

2020 年 11 月 17 日，华为剥离手机业务，荣耀品牌被深圳市智信新信息技术有限公司全面收购。这个 2019 年出货量超 7000 万台、营收近 900 亿元的手机品牌竟然被华为忍痛割爱，一个重要原因就是美国不断升级对华为的打压政策，华为手机芯片面临断供难题。

没有芯片，手机就没办法生产，市场说没就没。这就是芯片在信息通信产业体系中的核心关键地位。

芯片是什么？

首先，我们要简单区分几个概念：半导体、集成电路、芯片。

很多行业文章有时会用到"芯片"，比如手机芯片、计算机芯片；有时会用到"集成电路"，比如政府出台的扶持政策、重大专项计划一般都提到集成电路；有时又会用到"半导体"，比如中国半导体行业协会、半导体产业等。

其实，3个概念既相互联系又有差别。

半导体是一类材料的总称，指常温下导电性能介于导体与绝缘体之间的材料。常见的半导体材料有硅、锗、砷化镓等。

集成电路（Integrated Circuit，IC）是半导体产业的两大分支之一，是采用一定工艺，把基本电路元器件制作在一个小型晶片上，然后封装起来形成具有一定功能的单元。

芯片是由不同类型的集成电路或者单一类型的集成电路形成的产品，体积很小，通常是计算机或其他电子设备的一部分。

有人把半导体比作造纸的纤维，而集成电路就是纸，芯片是书或者本子。由于消费者接触最多的是产品端，因此比较熟悉的概念就是芯片。芯片相当于产品的大脑，指挥着产品实现各种功能。

龙头英特尔

一说起芯片，很多人第一个想到的就是英特尔，对"Intel inside"的广告语耳熟能详，英特尔几乎成了芯片的代名词。

事实上，英特尔公司确实见证了芯片产业萌芽、发展、壮大的全部历程，它在台式计算机 CPU 市场占据近 80% 的份额，在服务器 CPU 市场占据超过 90% 的份额，垄断全球 CPU 市场多年。

英特尔公司的创立，可以追溯到 1957 年成立的仙童半导体公司。1955年，"晶体管之父"威廉·肖克利创办了硅谷历史上的第一家科技公司，招募了一批年轻人，其中 8 位后来离职，被称为"叛逆八人帮"。1957 年 10 月，这 8 位精英成立了仙童半导体公司，第一笔订单就是 IBM 订购的 100 个硅晶体管。此后公司快速成长，1958 年年底约有 100 名员工，销售额达 50万美元。

后来由于发展战略上的分歧，"八仙童"再次辞职。其中，罗伯特·诺伊斯和戈登·摩尔 1968 年创立了英特尔公司，杰里·桑德斯 1969 年创办了 AMD 公司，"相爱相杀"了半个世纪，世界上最大的两个 CPU 厂商相继诞生。

1969 年的一次半导体工程师大会上，400 位与会者中，没有在仙童半导体公司工作过的只有 24 人。可以说，仙童半导体公司直接或间接衍生出了近百家公司，成为硅谷的开拓者，被誉为美国半导体专业人才的"西点军校"。

也是戈登·摩尔提出了鼎鼎有名的摩尔定律，即集成电路上可以容纳的晶体管数目大约每经过 18 个月便会增加一倍，价格下降一半。换言之，处理器的性能每隔两年翻一倍。这一定律已经被集成电路行业几十年来的发展所证实。

与此相关的还有一个反摩尔定律。如果信息技术企业今天卖掉和 18 个月前同样数量、同样品种的产品，它的营业额就要降低一半。这就逼着所有硬件设备公司的发展速度必须赶上摩尔定律预测的技术更新速度，这也决定了芯片行业具有技术密集、人才密集、资金密集的特点。

英特尔公司自成立以来，以极快的速度不断推出新产品，最有代表性的产品包括：1971 年世界上第一块微处理器 4004；1978 年首次生产出的 16 位微处理器 i8086，以及 X86 指令集；1979 年第一块成功用于个人计算机的 8088 芯片，IBM 用它开创了全新的 PC 时代；以及那之后赫赫有名的 80286、80386、80486 以及奔腾系列、酷睿系列处理器。

进入 21 世纪，英特尔公司又实施了钟摆战略（Tick-Tock）——这一名称源于时钟秒针行走时所发出的声响，每一次"Tick"代表着芯片制程的更新，而每一次"Tock"代表着微处理器架构的更新，一般一个周期为两年，"Tick"占一年，"Tock"占一年。英特尔公司启动了历史上最频繁的产品更迭计划。2006 年，英特尔公司在 150 天内创纪录地推出了 40 多款处理器。整个行业、所有企业不得不紧紧跟随它的脚步，投资、投资再投资，研发、研发、再研发，以避免被淘汰的噩运。

点沙成金

芯片这个"吞金"的产品，最初原料竟然是沙子（沙子中以二氧化硅形式存在的硅元素）。全球九成以上的半导体器件和集成电路都采用硅作为衬底材料。由最普通的沙子做成的芯片，却价值不菲，可谓是"点沙成金"，其设计、生产和封装测试流程如图 2-56 所示。

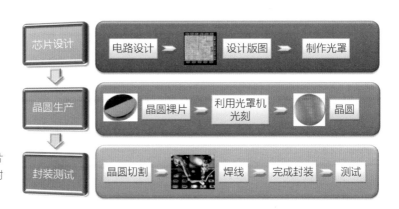

图 2-56 芯片设计、生产和封装测试流程

从沙子中提纯得到高纯度的硅原料,在高温下进行整形,经过多步净化,然后采用旋转拉伸的方式,得到一个呈圆柱体的单晶硅锭。把单晶硅锭横向切割,就产生了许多个圆盘形的单个硅片,也就是我们常说的晶圆。

之后的步骤是光刻。最主流的光刻技术的基本原理与胶片曝光类似。在晶圆上涂一层光刻胶,将设计好图形的掩模版罩在晶圆上,用光刻机进行曝光,然后将晶圆放在显影液里浸泡,被光线照射过的光刻胶溶解,晶圆表面就留下了和掩模版一样的光刻图形。

得到光刻图形后,通过刻蚀、掺杂或薄膜沉积等方式,就可以在晶圆上加工出设计好的芯片。制造一颗芯片往往需要数千个加工步骤。对最终得到的晶圆进行检测、挑出瑕疵芯片后,将晶圆切割成片,每一块就是一个处理器的内核。

最后的步骤是封装测试。芯片经减薄后,粘在一个厚的塑料膜上,送到装配厂被压焊、抽真空形成装配包,将衬底、晶片、散热片整合在一起,就形成了一个完整的处理器。将封装后的芯片置于各种环境下测试其电气特性,例如消耗功率、运行速度、耐压度等,判断成品是否合格。经过测试后,满足要求的成品将被发送给客户使用,最终做成我们所见到的形形色色的电子产品。

超长产业链

芯片的产业链非常长,行业分工之细、不同环节联系之紧密,远超传统行业。同时,每个环节的集中度又非常高,大者恒大、赢者通吃。

上游支撑产业主要涉及半导体材料和设备,这也是我国大陆半导体产业最薄弱的环节。全球半导体材料市场主要被美国、日本的企业和我国台湾地区的企业垄断,设备的市场集中度也很高,主要来自美国、日本和荷兰,排名全球前五的厂商市场占有率超过 60%。

中游产业逐步走向垂直化分工,可以分为设计、制造、封装测试 3 个环节。设计公司设计出芯片方案或系统集成方案，委托集成电路制造商生产晶圆（芯片），然后将芯片委托封装测试企业进行封装测试，再由集成电路设计公司和系统集成商将封装测试好的产品销售给电子终端产品组装厂。

全球排名前十的芯片设计公司主要来自美国和我国台湾地区，最大的就是英特尔公司。制造环节由于投资动辄几十亿美元，先进工艺的研发也愈加困难，行业集中度很高，全球八大晶圆代工厂垄断了近 90% 的市场份额。这其中台湾积体电路制造股份有限公司（简称台积电）一家独大，占据了全球一半以上的市场份额。在封装测试环节，全球前十大封装测试企业主要来自我国和美国，占据了 80% 以上的市场份额。

中游企业从类型上分，主要包括集成器件制造商（Integrated Device Manufacture，IDM），半导体芯片生产加工厂商（Foundry，俗称代工厂）、无工厂芯片供应商（Fabless，俗称"无晶圆厂"）三大类型。

最初，全球集成电路行业都采用 IDM 模式，也就是在企业内部完成芯片设计、生产和封装测试 3 个环节，如英特尔、三星等巨头。

1987 年，我国台湾地区的张忠谋创立了全球第一家半导体专业代工厂——台积电，大大降低了芯片设计的门槛，使代工厂成为能与 IDM 企业相匹敌的主要力量。这是集成电路历史上发展理念的重大飞跃。

下游则是广泛的应用产业。半导体市场一个由下游应用需求拉动的市场，最初的驱动力是军事、工业应用，后来是个人计算机、手机，最新的应用方向包括汽车电子、物联网、人工智能、5G 等。

战略产品

就是这样一颗颗小小的芯片，造就了如今超过 4000 亿美元的全球半导体市场，这也是各国国家战略的重要组成部分。

2017 年，美国总统科技顾问委员会在其公开报告《确保美国半导体的领导地位》中指出，半导体是国家战略性、基础性和先导性产业。无独有偶，我国也将集成电路产业看作信息技术产业的核心，支撑经济社会发展和保障国家安全的战略性、基础性和先导性产业。

这个产业有多重要？

有一种说法是，1 元集成电路的产值将带动 10 元左右的电子产品的产值和 100 元国民经济的增长。中国半导体行业协会的统计数据显示，集成电路产业对国民经济的贡献率远高于其他产业，若把单位质量钢筋对 GDP 的贡献计为 1，则小汽车的贡献为 5，彩电的贡献为 30，计算机的贡献为 1000，而集成电路的贡献高达 2000。

1974 年三星公司坚定地收购了破产的大韩半导体公司，从而进入半导体产业，就是因为李健熙（后来的三星集团会长）坚信，沙子（硅）变成金子（集成电路）太划算了。

如今，以集成电路为核心的信息产业已经发展为世界第一大产业，超过了以汽车、石油、钢铁为代表的传统产业。集成电路产业的发展及产品的广泛应用，推动国民经济成倍增长；集成电路的技术性能及产业规模，决定了一个国家的国际竞争力。

芯片，可以说是信息时代国民经济的强大动力和发展引擎。芯片产业举足轻重，各国都将其作为战略力量予以扶持打造。

日本采取的是官产学研一体化的产业发展模式。1974 年，日本政府批准 VLSI（Very Large Scale Integrated Circuit，超大规模集成电路）计划。1976 年，日本政府投资引导，日立、NEC、富士通、三菱、东芝五大公司一起共投资 720 亿日元建立 VLSI 技术研究所，分别在 6 家企业设立六大研究室，负责在半导体设备、材料、存储器、封装测试技术等不同领域的研发。1979 年日本实现芯片国际贸易顺差，1982 年成为全球最大的 DRAM（Dynamic Random Access Memory，动态随机存储器）生产国，1986 年在国际半导体市场上的占有率超过美国。

韩国在 20 世纪六七十年代引入了美国和日本的大量半导体企业，只是简单地"材料进口—组装加工—产品出口"，有点像来料加工模式。20 世纪 80 年代，韩国采取了"政府 + 大财团"模式，集中大量财力物力扶持三星公司、金星社（LG 公司的前身）、现代公司（其半导体业务后分离出来，成立海力士半导体公司，并被 SK 集团收购）和大宇公司四大财团，半导体产业发生巨大的变化。特别是三星，1983 年成功研发 64KB DRAM，1984 年成立了一家现代化芯片工厂，最后发展成为全球第二大半导体企业。

芯片战争

日本在半导体市场的迅速崛起，挑战了原世界霸主美国的地位。

从 1980 年到 1989 年，美国在国际半导体市场的份额从 57% 下降到 35%，日本的份额从 27% 上升到 52%。

于是，美国以"半导体行业的削弱将给国家安全带来重大风险"为由，认定日本存在存储器倾销行为。1986 年签署的《日美半导体协议》要求日本向美国开放半导体市场，停止向美国市场倾销芯片，停止在第三方市场倾销芯片，5 年内国外公司在日本市场份额达到 20%。

随后，美国又根据"301 条款"（《1988 年综合贸易与竞争法》第 1301 ～ 1310 节的内容）对日本实施长期贸易制裁，对日本出口芯片征收惩罚性关税，还否决了日本富士通收购美国仙童半导体公司的计划。

1991 年，美国参议院国际贸易委员会、财政委员会就即将到期的《日美半导体协议》举行听证会，德州仪器公司董事长兼总裁杰里·琼金斯在证词中说，美国高科技产业的全部未来，将取决于美国半导体在国际上的竞争能力；如果要挑选一项技术，能够使美国的军事领导和训练有素的士兵在海湾战争中成功完成任务，那就是半导体技术。

在美国反倾销、反投资、反并购手段的大肆压制下，日本的半导体产业一路下滑，2011 年的全球市场份额只有 15%，曾经在 DRAM 行业高达80% 的全球占有率跌到了 10%。

今天，与日本类似的遭遇也在中国上演了。

美国，还是那个芯片领域绝对的国际霸主。有人将国际芯片领域的竞争格局描述为一超多强，"一超"就是美国。不论以哪种统计口径，美国都占据了全球半导体市场一半以上的份额。全球十大半导体厂商中，美国有 5 家；全球十大芯片设计企业中，美国有 6 家。美国在芯片产业链各环节、各细分领域，几乎没有短板。

那么，中国的地位如何呢？中国在全球芯片版图中，排在韩国、欧洲国家、日本之后，但成长很快。从 2004 年到 2019 年，芯片领域全球的年均复合增长率只有 4.5%，中国是 19.2%，成为同期发展最快的国家之一。在5G、AI、指纹芯片等细分领域，中国也处于世界领先水平，尤其是短时间内中国在全球芯片市场份额的快速增长（见图 2-57），令美国感到巨大的威胁。

美国又打出了国家安全的旗号，相继将中兴、华为及其附属公司等中国企业列入"实体清单"，不断升级限制出口措施，先是限制华为向美国企业购买元器件，后又要求使用美国技术和设备生产出的芯片也必须经美方批准才能出售给华为，甚至游说、威胁其他国家和地区，阻吓它们与华为在 5G上的合作。

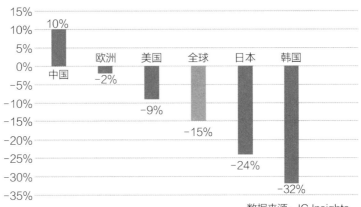

图 2-57　2019 年与 2018 年相比，按公司总部所在地划分的 IC 芯片总销售额同比变化情况

数据来源：IC Insights。

新华社在一篇评论文章中说，美国如此不择手段地蛮横对待华为，其目的很明显，即打压任何可能挑战美国技术领先优势的外国企业。华为有什么错？如果有"错"，那就是它是中国的，就是它在 5G 领域比美国更先进。

凡事有弊有利。国际形势的变化使得国内上下深刻认识到了集成电路行业自主可控的重要性，国家进一步加大了相关的政策扶持力度。西方发达国家短期内的打压确实带来不利影响，但从历史的长远发展来看，这也可能会带来一些积极的变化。

（二）"芯"酸往事

我国芯片产业起步并不晚，可以说基本和国际同步。

1958 年 9 月，在大洋彼岸的美国，世界上第一块集成电路诞生了。而这边，则是百废待兴的新中国。

1956 年，我国出台了《1956—1967 年科学技术发展远景规划》，把计算机、无线电、半导体和自动化确定为国家生产和国防需要紧急发展的领域。北京大学创办了我国第一个半导体物理专业，拉开了我国自主探索发展半导体产业的序幕。

萌芽起步（1956—1980年）

20世纪50年代，黄昆、谢希德等一批从海外学成归来的专业技术人才，在北京大学任教、编写教材，开展大规模科研和人才培养工作，为我国半导体产业的发展奠定了理论和人才基础。

早期半导体行业蹒跚起步，主要是为了满足军事通信和国防电子的需求，为"两弹一星"等重大军事项目提供电子和计算配套。1954年，北京电子管厂（774厂）开始筹建，于1957年研制出锗晶体管，后来发展为我国显示面板的龙头企业——京东方。1959年，归国学者林兰英制成硅单晶，只比美国晚了一年；1965年，我国第一块集成电路诞生，比美国晚了7年。

当仙童半导体公司在美国成立、硅谷逐渐有了雏形的时候，我国陆续成立了一批研究所和专业工厂。1960年，中国科学院半导体所、河北半导体研究所正式成立；1968年，第四机械工业部筹建了我国第一家集成电路专业化工厂国营东光电工厂（878厂），此后40多家半导体工厂在上海、北京、江苏等地建成，初步搭建了我国半导体工业"研发+生产"的体系。

但是，由于发达国家对我国长期实行贸易禁运，以及国内十年动乱期间一度采用群众运动的方式大搞半导体，当时媒体鼓吹街道老太太在弄堂里拉一台扩散炉也能做出半导体，再加上国家财政困难，一个五年计划对集成电路的总投资，还比不上一个国际大公司一年的投资。

这时我国的芯片，无论是技术还是产量，都远远落后于世界先进水平。1977年，微电子学家王守武在科学和教育工作座谈会上发言说："全国共有600多家半导体生产工厂，其一年生产的集成电路总量，只等于日本一家大型工厂月产量的十分之一。"

有人分析说，中国早期半导体产业能够发展起来，一是靠归国留学人才，二是靠举国体制。但计划经济体制在响应市场需求、加大研发投入、推动产品创新等方面存在天然弊端，当时我国半导体产业的落后也就在意料之中了。

重点建设（1981—2000年）

1980年，无锡江南无线电器材厂（742厂）从日本东芝公司引进彩色和黑白电视机集成电路5微米全套生产线，这是我国第一次从国外引进集成电路技术，大获成功。几年时间，742厂的芯片产量达到3000万块，大量用于国产电视机、音响和电源上，742厂一跃成为当时我国产能最大、工序最齐全、具有现代工业大生产特点的集成电路生产厂。

但是，742厂只是个例，我国半导体行业整体还比较羸弱。这一阶段，日本追赶上了美国却又被美国打压，韩国从无到有、渔翁得利，抢占了日本曾经占主导的存储芯片市场，这一格局延续至今。

为了缩小与国际的差距，解决我国半导体企业多头引进、重复布点的问题，国务院加强整体规划、加大政策投入、开展国际合作，先后组织了"531"战略、"908"工程、"909"工程三大项目，试图通过引进、消化、吸收、自主创新，实现技术跨越式追赶。

1986年，电子工业部在厦门召开集成电路发展战略研讨会，提出在"七五"期间"普及推广5微米技术，研发3微米技术，攻关1微米技术"的"531"发展战略。

1990年8月，国家计划委员会和电子工业部决定实施"908"工程，目标是在20世纪90年代第八个五年计划期间（1991—1995年），建设一条6英寸①、0.8～1.2微米技术、月产1.2万片的超大规模集成电路生产线。

———————————
① 1英寸=2.54厘米。

1995 年 12 月，国家领导人参观了三星集成电路生产线，发出"触目惊心"的四字感慨，迫切希望尽快提升我国集成电路水平，甚至做出"就是'砸锅卖铁'也要把半导体产业搞上去"的指示。

在这种背景下，1995 年年底，国务院总理办公会议决定实施"909"工程，投资 100 亿元，建设一条 8 英寸晶圆、从 0.5 微米工艺技术起步的集成电路生产线。

当时，"908"工程还在进行中，但却遇到了投资决策层层审批、周期过长的问题。往往是等项目批下来，许多原来设想的情况都发生了变化，原本先进的技术已经变成落后的了。

"909"工程时期，国家明确要求各部委缩短项目审批时间，简化审批程序，注册资本 40 亿元，由国务院和上海市财政局按 6 ：4 的比例出资拨款，中央拨款专款专用，即刻到位。

现在回头来看，三大工程的聚焦点都在芯片制造上。在政府的大力推动和资源整合下，各地也确实建成了一批具有一定规模的生产厂，但是，投资金额不足且分散、低水平重复引进和重复建设过多、引进的技术不够先进等问题仍比较突出，大量工厂的技术引进即落后，产品缺乏市场竞争力。

据报道，"531"战略时期，北京组建了燕东微电子联合公司，由于资金短缺，花了 5 年才把净化车间建好，又花了 5 年引进新的 4 英寸生产线设备，直到 1996 年才量产，那时生产线已然落后。"908"工程仅经费审批就花了两年，引进生产线又花了 3 年，真正建成投产已经是 1997 年，月产能只有 800 片，规划时与世界同步、建成时已落后国际主流技术 4 代以上，投产当年即亏损 2.4 亿元。

当然，三大工程也留下了成果。比如"531"战略时期建立的、主要承担了"908"工程的无锡742厂，20世纪末通过引入外资和管理团队，打造了完整产业链，发展为今天的无锡华润微电子有限公司，2020年年初在科创板挂牌上市。它带动了一大批上下游企业在无锡乃至长三角周边落地，使长三角地区成为南方微电子基地。

还有今天的华虹集团，前身是1996年成立的上海华虹微电子有限公司，是"909"工程主体承担单位，在1997年至2002年的6年间，一口气布局了十多家企业，涉及集成电路设计、半导体制造、集成电路研发、芯片技术服务、投资管理等全产业链，布局范围之广、投资速度之快，前所未有。1999年，该集团成功开发了我国首颗具有自主知识产权的非接触式IC卡芯片，这一芯片在交通卡等领域被广泛应用。

1988年，我国的集成电路年产量终于达到1亿块。按照当时的通用标准，这标志着我国集成电路产业开始进入工业化大生产阶段。

快速发展（2001—2014年）

2001年，我国加入世界贸易组织，深度参与国际分工合作和市场竞争，国外企业加快了在中国大陆投资建厂的步伐。硅谷科技泡沫破裂，全球经济不景气，我国经济则蓬勃发展，吸引了一大批优秀人才回国创业。再加上国务院颁布《鼓励软件产业和集成电路产业发展的若干政策》（以下简称《若干政策》）推动集成电路产业发展，我国集成电路产业进入了全面快速发展的新阶段。

《若干政策》从投融资政策、税收政策、产业技术政策、出口政策、收入分配政策、人才吸引与培养政策、采购政策、软件企业认定制度、知识产权保护、行业组织和行业管理、集成电路产业政策等方面进行了规定，目的是通过政策引导，鼓励资金、人才等资源投向软件产业和集成电路产业，进一步促进我国信息产业快速发展。

从 2001 年开始，韩国、欧美的先进企业纷纷来华投资建厂，和舰科技、SK 海力士、意法半导体、英特尔、三星等公司陆续在我国布局生产线、制造厂，为我国培育了大量技术人才，吸引了全球产业链向我国转移。

1999 年，信息产业部直接投资 1000 万元，从美国硅谷归国的邓中翰、杨晓东等留美博士成立了中星微电子有限公司。2005 年 11 月该公司成为我国第一家在纳斯达克上市的芯片设计企业。

2000 年 4 月，张汝京在开曼群岛设立中芯国际集成电路制造有限公司，并以此为平台募集资金，首期募资约 10 亿美元。他带着资金和团队（400 多位来自海外的人才），创办了中芯国际集成电路制造（上海）有限公司。不到 4 年时间，中芯国际拥有了 4 个 8 英寸厂、1 个 12 英寸厂，产能迅速进入全球半导体代工行业的前三甲，发展速度史无前例。

在国家政策支持、海外人才回流、多路资金进入的多重利好下，我国还涌现出了炬力、展讯、海思、兆易创新等一批设计企业，培养了许多半导体人才。

2003 年，我国集成电路总产量首次突破 100 亿块，2006 年，我国集成电路总销售额首次突破千亿元的大关。

有人形容说，中国半导体的土地被翻松了。

前仆后继的CPU "芯" 探索

CPU，相当于计算机和手机的大脑，因为研发门槛高、生态构建难，被视作芯片界的 "珠穆朗玛峰"。

20 世纪 90 年代末，中国 IT 产业界一直为没有自主知识产权的芯片和操作系统而耿耿于怀。时任科学技术部副部长的徐冠华说，"中国信息产业缺芯少魂"，"芯"指芯片，"魂"则指操作系统。

早在 20 多年前，中国工程院院士倪光南就从信息安全、国家安全的高度，反复呼吁中国必须发展自主操作系统和国产 CPU，他身体力行参与了"方舟 1 号"芯片的研发，倡导开源操作系统应用，但也面临很多质疑。人们常问，已经有英特尔、AMD 这些成熟且先进的 CPU，直接买就行了，为什么还要搞自己的 CPU？

他们看不到的是，由于我们受制于人，国外厂商把价格抬得很高，某些重要商品甚至"禁运"。2002 年的一篇文章提到，英特尔公司卖给中国的计算机芯片每个约 1500 元，但成本仅 120 元左右。

今天，看到中兴、华为等中国科技企业受到的打压、断供威胁，越来越多的人开始理解自主创新的必要性和重要性。正是因为有一批像倪光南院士那样的坚定自主派的不懈努力，抱着"自主 CPU 可以不够好但必须要有"的心态，中国对自主知识产权芯片的研发才一直没有停止。

2001 年 7 月 10 日，"方舟 1 号"发布，被媒体称为"改写了中国'无芯'的历史"。它跳出了 Wintel 联盟（微软与英特尔的合作），是基于 Linux 操作系统、采用自行设计体系结构、面向网络应用开发的 32 位嵌入式芯片，达到了国际先进水平。基于"方舟 1 号"，我国还开发了网络计算机 NC2000。

这一项目得到了科学技术部国家高技术研究发展计划（863 计划）、国家计划委员会重大专项、信息产业部产业扶持基金的支持，北京市政府也采购了几万台 NC 机器，力度不可谓不大。

然而，"方舟 1 号"还是失败了。曾担任倪光南助手的梁宁在一篇回忆文章中写道:"不是败在技术,而是败在生态系统。"

英特尔公司不是做出了 CPU,而是培育了一个基于 CPU 的开发生态系统。国内没有这样的生态系统。方舟科技不得不自己建立硬件团队、做 NC 产品原型,勉强绕过英特尔的产品,却发现还得突破微软的产品。浏览器、Office、播放器等大量软件需要移植、适配、二次开发,软件体验不佳,用户怨声载道,"方舟 1 号"只得以失败告终。

同一阶段起步的,还有龙芯。

2000 年前后,中国科学院计算技术研究所拿出创新经费 1000 万元,设立了通用 CPU 项目。2002 年 9 月 28 日,32 位通用 CPU——"龙芯 1 号"

研制成功(见图 2-58),专家认为"总体上达到了 1997 年前后的国际先进水平"。此后,"龙芯 2 号""龙芯 3 号"陆续推出。

2010 年,中国科学院与北京市政府牵头出资,成立了致力于研发成果产业化的龙芯中科技术有限公司。如果说 2010 年以前,龙芯一直靠着国家给的 4 亿元经费勉强"活着",2010 年以后,则通过龙芯中科探索着"活得更好"的道路。

图 2-58 中国第一款批量投产的通用 CPU 芯片"龙芯 1 号"

龙芯中科先后完成多轮融资,主要产品包括面向行业应用的"龙芯 1 号"小 CPU、面向工控和终端类应用的"龙芯 2 号"中 CPU,以及面向桌面与服务器类应用的"龙芯 3 号"大 CPU,这些产品在政府办公、电信通信、国防安全、工业物联网等行业都有不错的表现。龙芯中科 2015 年实现盈亏平衡,2019 年净利润首次破 1 亿元,拟于 2021 年在科创板上市,目前已进入上市辅导期。如果成功，这将是国产通用 CPU 第一股。

方舟和龙芯只是众多试图攀登 CPU 这座"珠穆朗玛峰"的代表者。还有与 AMD 合资、拥有中科曙光这个大客户的海光，用于华为服务器的鲲鹏，背靠国防科大的飞腾，连续三次登上世界超级计算机 TOP500 第一名的"神威·太湖之光"所使用的申威，以及与威盛合资的兆芯。

国产 CPU 这条道路上，我们永远不会孤独。

（三）强"芯"之路

经过 50 多年的不懈探索、曲折发展，我国芯片产业呈现出产业链初步搭建、结构比例日趋合理、增长速度强劲有力、多个领域单点突破的良好局面，但同时，也存在着整体实力仍然不强、产业链完整度不够、人才储备不足等短板弱项。

结构比例日趋合理。随着集成电路设计和芯片制造行业的迅猛发展，设计业和芯片制造业所占比例迅速上升，封装测试业所占比重持续下降。2000 年，设计、制造、封装的比例约为 1∶2∶7，2007 年约为 2∶3∶5，到 2019 年，约为 4∶3∶3。对照世界集成电路产业结构 3∶4∶3 的合理占比，我国集成电路的产业结构更趋平衡。

增长速度强劲。2000 年以来，我国集成电路产业保持高速增长态势，除个别年份外，增长率都在两位数（其中 2000—2015 年的增长情况见图 2-59）。2019 年，在全球其他国家 / 地区集成电路产业均为负增长的情况下，我国集成电路产业销售额达到 7562.3 亿元，同比增长 15.8%，是世界唯一实现增长的国家 / 地区。2020 年，我国集成电路销售收入达到 8848 亿元，平均增长率达到 20%，为同期全球产业增速的 3 倍。

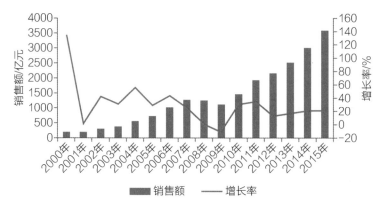

图2-59 2000—2015年我国集成电路产业的增长情况

数据来源：中国半导体行业协会，2016年3月。

设计企业：数量激增、多点突破

1986年，国内第一家专业集成电路设计公司在北京成立，在此基础上，2003年10月成立了中国华大集成电路设计集团有限公司。此后各类集成电路设计公司大量涌现，带动了国内集成电路产业的整体发展。

根据中国半导体行业协会的统计，2019年中国集成电路设计企业销售额为3063.5亿元，同比增长21.6%，高于制造业18.2%和封装测试业7.1%的增长速度。我国集成电路产业在全球产业中的份额不断上升，2015年占比只有6.1%，2020年提升到13%左右。

高增长速度很大程度上是由市场增量决定的，得益于集成电路设计企业数量的大量增加。2014年我国集成电路设计企业只有681家，2016年猛增到1362家，两年内数量翻了一番，2020年超过了2000家。大量设计企业的出现，让更多的纯晶圆代工厂留在了中国，也带动了全产业链的高速增长。

在设计企业的分布区域上，除了北京、上海、深圳等传统设计企业聚集的城市外，无锡、杭州、西安、成都、南京、苏州、合肥等城市的设计企业数量都超过了100家，后进势头开始显现。

但在整个集成电路设计行业中，绝大多数企业都是人员规模少于 100 人的小微企业，2019 年共有 1576 家，占比为 87.56%；从业人员人数超过 1000 人的企业只有 18 家；规模在 500 ～ 1000 人的企业有 33 家，比 2018 年多了 12 家。2019 年全球前十大集成电路设计公司中，美国仍然占据 6 席的优势地位（见表 2-6）。我们一方面要看到希望，另一方面也要有危机感，必须向着做大做强的方向发展。

表 2-6 2019 年全球前十大集成电路设计公司营收排名

排名	公司	2019 年营收 /亿美元	2018 年营收 /亿美元	同比 /%
1	博通	172.46	185.47	−7.0
2	高通	145.18	163.70	−11.3
3	英伟达	101.25	111.63	−9.3
4	联发科技	79.62	78.82	1.0
5	超威	67.31	64.75	4.0
6	赛灵思	32.36	28.68	12.8
7	美满	27.08	28.23	−4.1
8	联咏科技	20.85	18.13	15.0
9	瑞昱半导体	19.65	15.18	29.4
10	戴泺格半导体	14.21	14.42	−1.5
前十大合计		679.97	709.01	−4.1

注：
1. 此排名仅统计公开财报之前十大厂商；
2. 博通的数据仅计入半导体部门营收；
3. 高通的数据仅计算 QCT（高通半导体业务）部门营收，QTL（高通技术许可业务）部门的未计入；
4. 英伟达的数据扣除了 OEM/IP 营收。

数据来源：拓墣产业研究院，2020 年 3 月。

"隐形" 龙头设计企业：海思

在美国政府对华为的制裁变本加厉之际，2019 年 5 月 17 日，海思（华为旗下半导体公司）总裁何庭波致员工的一封信在网络引发热议。"为了这个以为永远不会发生的假设，数千海思儿女，走上了科技史上最为悲壮的长征，为公司的生存打造'备胎'。"这家此前并不为大众所知的企业进入了舆论视野。这封信在网络流传后，华为"科技自立自强"的形象更加立体。

2019 年全球十大半导体厂商名单发布时，海思并未上榜。当时就有国内媒体报道，由于这个名单只统计公开财报的厂商信息，同时海思的营收大头麒麟处理器并不对外售卖，销售额没有官方披露，但按照国内机构预测的数据，多年来，海思蝉联我国半导体设计企业销售额榜首，2019 年的销售额预计超过 840 亿元，是排名第二的豪威集团的 7 倍以上，优势明显。第3～7 名分别是智芯微电子、中兴微电子、紫光展锐、华大半导体、汇顶科技。根据 2020 年全球十大半导体厂商收入排名（见表 2-7），海思也跻身前十行列。

表 2-7　2020 年全球十大半导体厂商的收入及市场占有率

2020 年的排名	2019 年的排名	厂商	2020 年的收入 / 亿美元	市场份额 /%	2019 年的收入 / 亿美元	年增长率 /%
1	1	英特尔	702.44	15.6	677.54	3.7
2	2	三星电子	561.97	12.5	521.91	7.7
3	3	海力士	252.71	5.6	222.97	13.3
4	4	美光科技	220.98	4.9	202.54	9.1
5	6	高通	179.06	4.0	136.13	31.5
6	5	博通	156.95	3.5	153.22	2.4
7	7	德州仪器	130.74	2.9	133.64	-2.2
8	13	联发科技	110.08	2.4	79.59	38.3
9	14	铠侠电子	102.08	2.3	78.27	30.4
10	16	英伟达	100.95	2.2	73.31	37.7

续表

2020 年的排名	2019 年的排名	厂商	2020 年的收入 / 亿美元	市场份额 /%	2019 年的收入 / 亿美元	年增长率 /%
		其他（前十之外的厂商）	1980.42	44.0	1912.36	3.6
		市场总额	4498.38	100.0	4191.48	7.3

数据来源：Gartner 公司。

海思半导体前身为华为集成电路设计中心，1991 年启动设计及研发业务，2004 年注册成立实体公司，提供海思芯片的对外销售及服务。

海思成立的背景源自 2003 年 1 月 24 日，芯片巨头思科在美国对华为提起诉讼，指控华为侵犯思科的知识产权。经过 10 个月的庭审，最终以双方和解告终，但这次指控却给任正非敲响了警钟。后来，高通作为最大的基带芯片供应商，选择与中兴合作研发 CDMA 基站和手机产品，导致华为需要的芯片常常断供，华为无路可走，只能选择依靠自己。

2012 年，任正非曾表示，当美国的芯片不卖给华为的时候，华为可以大量用自己的芯片，因为尽管华为的芯片稍微差一点，但能凑合用上去。华为就算几十年不用海思芯片，也要坚持研发。

2004 年，投入 4 亿美元的海思半导体公司成立。作为对美国芯片供应威胁的战略防御，海思 2006 年启动了针对中低端智能手机的芯片研发。2009 年，海思对外发布了第一款芯片 K3V1（麒麟芯片的前身），主要供给第三方厂商。但无论是 K3V1 还是后来的 K3V2，因为经常卡机、闪退、发热，饱受诟病。

华为没有因为海思芯片不好而放弃使用，而是接连推出 3 款 D 系列新机，P2、Mate 系列依然使用 K3V2 芯片，被网友戏称为"万年的 K3V2"。

正是华为坚定"自己的狗食自己先吃""自己生产的降落伞自己先跳"的

理念，顶住外界压力，用自己的手机做试验田，才为海思芯片提供了难得的市场应用和改进机会。

2013 年，华为迎来了它的翻身之作——P6 手机，使用的全新芯片麒麟910 采用 28 纳米工艺，性能提升了 50% ～ 80%，综合能耗却降低了 50%。

再后来，就是海思率先推出 5G 商用终端芯片麒麟 990 5G，采用业界最先进的 7 纳米 +EUV 工艺制程，强有力地支撑了华为高端智能手机的发展。海思还推出了可用于 TWS 耳机和其他可穿戴设备的麒麟 A1，在数据中心领域推出了 ARM 架构的 CPU 处理器——鲲鹏系列，在人工智能领域推出了全场景 AI 芯片及解决方案——昇腾系列，提供了从高速通信、智能设备、物联网到视频应用的泛智能终端芯片解决方案，在全球 100 多个国家和地区得到实地验证。

截至 2020 年年底，海思在国内外设有 12 个办事处和研发中心，拥有7000 多名员工，以及先进的 EDA 设计平台、开发流程和规范，已经成功开发出 200 多款拥有自主知识产权的芯片，共申请专利 8000 多项。其他的单点突破还包括全年出货超 6 亿套、全球市场占有率接近 30% 的紫光展锐基带和射频芯片，登上美国《自然》杂志封面的全球首款异构融合类脑芯片——天机芯（Tianjic），以及北斗全球卫星导航系统应用的北斗芯片（见图 2-60），等等。它们在自己的细分领域默默耕耘，攻城略地，支撑起了中国集成电路芯片设计的广阔版图。

图 2-60 "恒星一号"北斗芯片（中新社 提供）

制造：稳步增长、仍是短板

先进的制造技术能够有效支撑上游设计业的研发，同时为下游封装测试业提供稳定的市场保障。

随着 2011 年全球经济的复苏，我国集成电路制造业稳步增长。一批本土制造企业扩大投资，加大上市或并购步伐，SK 海力士、英特尔、三星等国际领先的大厂纷纷来华设厂，生产线建设投产的消息频繁见诸报端。

受到国内芯片生产线满产、扩产的带动，以及新生产线投产的影响，芯片制造业保持了两位数以上的高速增长。2019 年，当全球整体纯晶圆代工市场的销售额下降 1% 时，中国晶圆代工市场的销售额逆市上扬、增长 6%，在全球纯晶圆代工市场的份额达到 20%。

中国半导体行业协会统计数据显示，2019 年中国集成电路晶圆制造生产线中，4 英寸以上的约有 199 条，其中 12 英寸生产线 28 条，8 英寸生产线 35 条，6 英寸生产线 71 条，5 英寸生产线 21 条，4 英寸生产线 44 条。

可能有人要问，4 英寸、5 英寸、6 英寸、8 英寸是指什么？这个数字是越大越好，还是越小越先进？实际上，英寸指的是晶圆的直径。晶圆直径分为 150 毫米、300 毫米以及 450 毫米这 3 种，而 12 英寸约等于 305 毫米，为了方便，业界常称直径 300 毫米的晶圆为"12 英寸"，所以英寸前的数字其实是一个估算值。

晶圆越大，同一圆片上可生产的 IC 就越多，成本就越低，但对材料技术和生产技术的要求也更高。一般认为生产的硅晶圆的直径越大，代表着这座晶圆厂有更好的技术，也就更先进。

与英寸并存的，还有一种提法，那就是纳米的概念，比如采用 7 纳米或 14 纳米生产。这个"纳米"指的是芯片的制程。芯片是由晶体管组成的，制程越小，那么在同样面积的芯片里，晶体管数量就越多，性能就越强。

以华为麒麟980及华为麒麟970为例，麒麟970是10纳米工艺的芯片，有55亿个晶体管，麒麟980采用7纳米工艺，有69亿个晶体管，数量增加了25.5%。

在我国大陆有12英寸生产线的企业包括SK海力士、英特尔、三星电子、中芯国际、联芯集成、华力微电子等企业，它们都是全球领先企业。

半导体制造是我国半导体领域最大的短板，也是目前被"卡脖子"的主要领域。倪光南院士说："中国的设计水平还可以，最大的短板在制造。"

芯片制造是极其精密的技术，对生产环境的空气洁净度非常挑剔，就算是一粒小小的粉尘，粘在芯片上也可能造成短路，进而直接影响成品率。以芯片封装为例，在晶圆减薄、晶圆划片、上芯、前固化、压焊、包封等工序中，芯片内核——芯粒始终暴露在外，直到包封工序后，芯粒才被环氧树脂包裹起来。哪个环节或因素发生意外，都将造成芯粒的报废。

所以，芯片制造需要世界上最干净的房间，净化间、超纯水、高纯气体、超净高纯试剂都是必需的要素，比如超净高纯试剂的纯度和洁净度对集成电路的成品率、电性能、可靠性都有重要影响。

同时，芯片生产技术又是一个更新换代特别快的技术。

近乎苛刻的生产条件，再加上摩尔定律决定的技术的快速更新，导致芯片生产线投资巨大，对周边环境要求极高，不是任何城市都适合上马芯片制造项目。

目前，全球市场占有率最高的制造企业是台积电，它占有一半以上的全球市场份额，拥有最先进的制造工艺，同时营收也遥遥领先（见表2-8）。苹果、AMD、高通、博通、英伟达、海思、联发科技、德州仪器和索尼等企业都是台积电的客户。

表 2-8　全球前十大晶圆代工厂营收情况

排名	公司	总部所在地	2020 年第一季度营收 / 亿美元	2019 年第一季度营收 / 亿美元	同比 /%
1	台积电	中国台湾	102	70.96	43.7
2	三星	韩国	29.96	25.86	15.9
3	格芯	美国	14.52	12.56	15.6
4	联电	中国台湾	13.97	10.57	32.2
5	中芯国际	中国上海	8.48	6.69	26.8
6	高塔半导体	以色列	3	3.1	-3.3
7	世界先进	中国台湾	2.58	2.24	15.2
8	力积电	中国台湾	2.51	1.78	41
9	华虹半导体	中国上海	2	2.21	-9.5
10	东部高科	韩国	1.58	1.39	13.7
合计			180.6	137.36	31.5

注：
1. 三星的数据计入 System LSI 及晶圆代工事业部的营收；
2. 格芯的数据计入 IBM 的业务收入；
3. 力积电的数据仅计入晶圆代工营收；
4. 华虹半导体的数据仅计算财务公开数字。
数据来源：各厂商，由拓墣产业研究院整理，2020 年 3 月。

这个"全球市场占有率最高"也是靠大量研发和资金投入堆出来的。
2018 年，台积电（南京）有限公司总经理罗镇球在一次论坛上说，台积电
不仅每年要投入 20 多亿美元用于研发，还要投入 100 亿美元资金扩充产能。
2020 年台积电宣布拟在美国投资建设 5 纳米工厂，计划投资达 120 亿美元，
这个数额超过了台积电 2019 年全年的净利润。

中芯国际也是如此。在全球前五大晶圆厂中，中芯国际是唯一上榜的中

国大陆的企业，排名第五。中芯国际见证了我国半导体产业 20 年的发展，是我国大陆技术最先进、配套最完善、规模最大的跨国经营集成电路制造企业。由于持续投入大量资金突破先进芯片制造技术，中芯国际 2017 年度、2018 年度的业绩持续下滑，直到得到国家集成电路产业投资基金为首的 4 家机构联合注资 102.4 亿美元后，2019 年才出现盈利拐点。2020 年 7 月，中芯国际在科创板"闪电 IPO"，计划募资 200 亿元，实际募集到了 456.6 亿元，是科创板最大的 IPO，也是 A 股 10 年来最大的 IPO。

当然，有多少夺人眼球的成功，就有多少令人心酸的落寞。

武汉弘芯成立于 2017 年 11 月，总经理兼首席执行官蒋尚义曾在台积电任职 10 多年并担任 CTO。武汉弘芯也耗巨资上马了半导体制造项目，一期总投资额 520 亿元，2018 年年初开工，2019 年 7 月厂房主体结构封顶；二期投资额 760 亿元，2018 年 9 月开工，目前在建。到了 2020 年 7 月，武汉市东西湖区政府发布的《上半年东西湖区投资建设领域经济运行分析》披露，"项目存在较大资金缺口，随时面临资金链断裂导致项目停滞的风险"。网上质疑武汉弘芯烂尾、骗局的声音一片。

类似的烂尾工程，还有 2010 年的长沙创芯、2015 年的南京德科码半导体、2017 年的成都格芯，它们都号称投资规模几十亿美元，结果资金不到位，没几年就烂尾了。

当前，我国集成电路制造业存在一个问题，那就是外商独资企业占比较高、本土企业仍有待发展壮大。

封装测试：世界先进、继续提升

半导体产业所有的细分领域中，封装测试是典型的资本密集型、人力密集型行业。与芯片生产制造工艺技术难度大、赶超需要时间积累不同，封装测试的技术门槛相对较低。我国以封装测试业为突破口大举发展，使其成为我国集成电路产业链中占全球份额最高的环节。2019 年，我国封装测试业实现销售额 2349.7 亿元，占全球市场的 28%，规模稳居世界第一。

根据中国半导体封装测试协会的数据，2019 年我国共有 103 家封装测试企业，与 2018 年同期相比变化不大。长江三角洲地区是我国封装测试业最发达的地区，集聚了全国一半多的封装测试企业，共有 56 家。其中江苏长电科技、南通华达微电子、天水华天位列 2019 年我国十大集成电路封装测试企业前三位。

长电科技位于江苏无锡，目前是全球第三的封装测试企业，图 2-61 示出了其芯片焊线的场景。它的前身可追溯到 1972 年的长江内衣厂，后来该厂进军晶体管生产领域，成为江阴晶体管厂，1992 年更名为长江电子实业公司。

图 2-61　长电科技组装车间球焊区域球焊机台在给芯片焊线（李响 摄）

1997 年，受东南亚的金融危机影响，整个半导体行业都受到冲击，长江电子实业公司认为电子元器件的发展未来可期，决定先做好分立器件的封装，大幅扩展封装规模。2000 年，公司依法改制为长电科技，2003 年 6 月在上海证券交易所上市，成为我国半导体封装测试行业第一家上市公司。

上市后，长电科技曾试图以规模优势打价格战，却以失败告终，于是开始探索以"规模＋技术"求发展。2003年9月，长电科技投资700万美元，与新加坡先进封装技术私人有限公司共同组建江阴长电先进封装有限公司，以其技术为基础，建立了一条国际水平的晶圆片级封装生产线，开发了晶圆片级芯片规模封装技术等，从此跻身先进封装厂商行列。2014年，长电科技与中芯国际联合成立中芯长电半导体（江阴）有限公司，2015年正式并购新加坡星科金朋，技术水平和规模优势进一步扩大。

2021年1月，长电科技发布公告，预计2020年实现归母净利润[①]12.3亿元左右，同比增长1287.27%。主要原因就是2020年下半年开始，受益于疫情衍生的"宅经济"，终端需求持续上涨，与此同时，海外生产受到影响，整体产能紧缺带来价格上涨，国内封装测试企业迎来营收、利润双增长。

（四）砥砺前行

我国的造芯之路，道阻且长。外忧内患之间，我国芯片产业将进入全速发展阶段。

从国际看，世界正处于百年未有之大变局，世界经济深度衰退，经济全球化遭遇逆流，国际贸易和投资大幅萎缩，一些国家保护主义和单边主义盛行，地缘政治风险上升。新冠肺炎疫情肆虐全球，带来了芯片生产供应的不确定性，美国等发达国家持续打压、限制出口，电子信息企业被迫目光向内，寻求国产替代方案和产品。

从国内看，我国具有全球最完整、规模最大的工业体系，强大的生产能

---

① 即归属母公司所有者的净利润。

力和完善的配套能力，拥有 1 亿多市场主体，有 1.7 亿多受过高等教育或拥有各类专业技能的人才，还有包括 4 亿多中等收入群体在内的 14 亿人口所形成的超大规模内需市场，正处于新型工业化、信息化、城镇化、农业现代化快速发展的阶段，经济潜力足、韧性强、回旋空间大、政策工具多。

2021 年 1 月 11 日，习近平总书记在省部级主要领导干部学习贯彻党的十九届五中全会精神专题研讨班开班式上发表重要讲话，强调加快构建以国内大循环为主体、国内国际双循环相互促进的新发展格局。对芯片产业来说，也要把满足国内需求作为发展的出发点和落脚点，充分发挥我国超大规模的市场优势，集中力量办大事。

用好国内市场优势

终端市场与芯片的发展是互相成就的。欧洲工业和汽车产业的快速发展，诞生了英飞凌、恩智浦等芯片企业；华为手机和海思芯片，比亚迪的新能源汽车和比亚迪的芯片，也是互相扶持走向世界的最好例证。

我国是全球最大的电子产品生产基地。5G、人工智能、物联网、智能移动终端、汽车电子、工业互联网、智慧医疗等产业在国内快速增长。庞大的终端市场不仅对全球芯片产业有巨大的吸引力，对我国芯片产业链上的企业也是难得的牵引和助推要素。

在构建以国内大循环为主体、国内国际双循环相互促进的新发展格局的形势下，我们要利用好庞大的终端市场对集成电路产业的巨大牵引作用，引导产业链的上下游协同创新，促进各类创新要素向企业集聚，围绕产业链部署创新链、围绕创新链布局产业链，带动全产业链发展。

知不足而后进

芯片核心技术受制于人，是我们最大的隐患。特别是在产业链上游的半导体装备、材料，以及产业链承上启下的制造环节，我国与世界先进水平差距很大。

一个企业即便规模再大、市值再高，如果核心元器件严重依赖国外，供应链的"命门"也还是掌握在别人手里，就好比在别人的墙基上砌房子，再大再漂亮也可能因为墙基不稳而经不起风雨，甚至会不堪一击，已经占据的市场份额也会因为供应链断供而无可挽回地全部失去。

2018 年 5 月，习近平总书记在两院院士大会上强调："关键核心技术是要不来、买不来、讨不来的。只有把关键核心技术掌握在自己手中，才能从根本上保障国家经济安全、国防安全和其他安全。"我们必须突破核心技术这个难题，争取在某些领域、某些方面实现"弯道超车"，努力实现关键核心技术自主可控，把创新主动权、发展主动权牢牢掌握在自己手中，维护国家安全。

值得欣慰的是，除了华为全面布局芯片领域外，百度自研的云端全功能 AI 芯片开始量产，阿里巴巴专门成立了平头哥半导体有限公司，开发基于 RISC-V 架构的芯片，小米、OPPO 等硬件厂商也开始布局芯片产业，这些都显示出了我国企业努力掌握核心技术的决心、魄力和行动力。

整体推进重点突破

2016 年 4 月，在网络安全和信息化工作座谈会上，习近平总书记指出，"核心技术脱离了它的产业链、价值链、生态系统，上下游不衔接，就可能白忙活一场"。掌握一种产品或一个产业的关键核心技术，需要科研上下游共同努力。

半导体装备和材料是现代芯片工业的两大基石，是集成电路产业中最具战略性、基础性和先导性的部分。集成电路产业链中，软件（设计）、制造、封装测试等环节属于国家投入相对比较集中的环节，但在上游的装备、材料等环节，还需引起足够重视。

2014年，国务院印发《国家集成电路产业发展推进纲要》，明确了推进集成电路产业发展的四大任务：着力发展集成电路设计业，加速发展集成电路制造业，提升先进封装测试业发展水平，突破集成电路关键装备和材料。

"着力""加速""提升""突破"，不同的动词，正说明了产业链不同环节的发展水平，设计环节和封装测试环节具有一定优势，制造环节需要加快发展速度，而关键装备和材料领域则属于空白、亟待突破。

我们一方面要在已有的优势产业环节继续做强做大，另一方面要布局上下游、打造完整的产业链，向产业附加值更高的环节转移，形成强大的生态圈，提高集成电路产业的国产化水平。

发挥政府引导作用

我国芯片产业的曲折发展历史说明，单纯依靠市场，存在单个市场主体资金不足、投入不足、熬不住等不起的弊端；单纯依靠政府，存在决策周期长、市场反应慢、投入产出不匹配等弊端。

唯一的出路，在于各自找准自己的定位，政府要引导，企业要主导。

由于集成电路产业投资巨大，尤其是在产业起步初期、行业尚未形成规模、企业无法生存更谈不上持续投入的情况下，政府的投入不可或缺。

日本、韩国等国的芯片产业都是靠政府大力支持而后来居上的。我国半导体产业体量和影响力的不断壮大，也正是得益于一系列扶持政策和产业"大基金"的带动。就连美国也注意到了政府投资对半导体业的"加杠杆"效应，2020年通过了首期250亿美元的半导体补贴法案。

政府要整合用好一系列已出台的国家政策，比如在2011年的《进一步鼓励软件产业和集成电路产业发展的若干政策》、2014 年的《国家集成电路产业发展推进纲要》等一系列政策的指引下，上海、安徽、福建、重庆、成都等地纷纷设立投资基金，推动集成电路产业的发展。2014 年，国家集成电路产业投资基金正式设立，首批规模达到 1200 亿元。2020 年，国务院印发《新时期促进集成电路产业和软件产业高质量发展的若干政策》，制定出台财税、投融资、研究开发、进出口、人才、知识产权、市场应用、国际合作八个方面的政策措施……2020 年，我国已落实对制造先进芯片的集成电路企业的减税政策，注重加强提升我国芯片产业的材料、工艺、设备产业链现代化水平，并着力加强人才储备和人才培养。

在作用发挥上，政府重点要加强组织领导，强化顶层设计，整合调动资源；要加大金融支持力度，在创新信贷产品和金融服务、支持企业上市和发行融资工具、开发保险产品和服务等方面给予扶持；要推动落实税收支持政策，保持政策的稳定性；要加强安全可靠软硬件的应用，推广使用技术先进、安全可靠的集成电路、基础软件及整机系统。

在资金扶持上，要用好分别在 2014 年 9 月和 2019 年 10 月成立的国家大基金一期、二期，支持设立地方性集成电路产业投资基金，采取市场化运作方式，推动要素资源按照市场规则自由流动，营造健康公平的市场环境。

国家大基金一期、二期是在工信部、财政部指导下，由相关企业注资成立的股份有限公司，只投资，不参与经营，投资方式开放灵活。以国家大基金二期为例，注册资本高达 2041.5 亿元，共有 27 位企业法人股东，财政部、国开金融有限责任公司是前两大股东，其他大股东还包括重庆战略性新兴产业股权投资基金合伙企业（有限合伙）、中国烟草总公司和武汉光谷金融控股集团有限公司等。

国家大基金的进入，标志着国资大举入场，形成了国家大基金主导的国家虚拟 IDM 平台和生态圈，改变了我国参与全球半导体竞争的态势。数据显示，国家大基金一期实际出资额达到 1000 亿元，所投项目 55 个，涉及 40 家半导体企业，覆盖了集成电路全部产业链，带动社会融资 1500 多亿元，成效初步显现。

突出市场主导地位

企业对市场的敏锐度是最高的。要充分发挥市场在资源配置中的决定性作用，强化企业主体地位，推动产学研用深度融合发展，加快关键共性技术研发，加大人才引入力度，激发企业活力和创造力。

其中一个关键是加大研发投入。英特尔 2020 财年研发投入 135.56 亿美元，占全年营收的 17.4%。华为 2018 年研发费用达 1000 多亿元人民币，接近年度收入的 15%。华为年报中说，"研发不是短跑，而是马拉松，身在跑道就必须一直跑下去"。

另一个关键是要加大人才引入力度。人才短缺严重是制约芯片行业发展的大问题。据估计，我国半导体行业人才缺口约为 30 万。中国半导体行业协会集成电路设计分会理事长魏少军说："我们的人才培养体系，没有随着集成电路发展，企业挖人成为常态，用人成本飙升，给企业带来了极大的挑战。"任正非说："芯片光砸钱不行，要砸（支持）数学家、物理学家等。"

好消息是，2021 年 1 月，经专家论证，经国务院学位委员会批准，教育部决定设置"集成电路科学与工程"一级学科，这有利于从数量上和质量上培养出更多满足产业发展需求的创新型人才。我们要以此为契机，加强学科建设、课程设置、专业人才培养，同时继续加大海外人才特别是行业领军人才的引进力度，为产业发展提供源源不断的人才动力。

开放合作不动摇

芯片产业链条之长、分工之细、技术之复杂，决定了我们必须继续扩大开放合作，积极利用全球资源和市场，大力吸引国（境）外资金、技术和人才，鼓励境内企业扩大国际合作，加强产业全球布局和国际交流合作，形成新的比较优势，提升产业链供应链开放发展水平。

在《环球时报》2021年年会上，中国科学院集成电路创新研究院（筹）院长叶甜春表示，面对竞争，中国或许可以着手建立一个"以我为主、不依赖于某一个国家的"全球合作新生态。他说，世界上的每个国家都会追求从价值链低端走向高端，当一个国家开始进入价值链高端，产生竞争就不可避免，面对竞争，一定要做好两手准备。

中国有全球最大的市场和制造业，有大量有实力和创新力的企业，也有自己的供应链。要重新做一些布局，在国内国际双循环中，团结联合愿意与我们合作的国家和地区、企业和研究机构，一起建立新的全球合作生态，形成新的体系和标准。

前途光明，道路曲折

"我们要做的是推翻一个旧世界、建立一个新世界的事。现在的信息产业建立在以英特尔为代表的国外技术平台上。我们的目标就是成为中国的英特尔。但推翻这个旧世界，并不容易。"龙芯中科董事长胡伟武说。

回顾全球芯片产业发展的60多年历程，霸主地位几经变化，而每一次技术革新、每一次技术路线选择，都会带来优胜劣汰的结果。

手机芯片曾是摩托罗拉的天下，目前的霸主则是高通。

存储芯片领域曾经的霸主是日本，到了20世纪90年代，市场份额逐渐被以三星为首的韩国企业抢占，直到2018年东芝出售旗下的半导体公司，导致全球销售收入前十五名的半导体公司中日本再无一席之位。

2000 年后，英特尔因为判断失误，拒绝了苹果希望定制一款用于 iPad 的 ARM CPU 的要求，并卖掉嵌入式移动芯片产品线，错失了巨大的移动通信芯片市场。

在光刻机领域，日本佳能和尼康曾经后来居上，却由于坚持错误的技术路线，于 2000 年后被采用浸润式光刻技术、坚持开放式创新的荷兰 ASML 打败。

魏少军表示，"集成电路产业不是露在地面的金矿，需要长期的耕耘，也需要包括资本在内的不断浇水呵护"。

2021 年 1 月，CINNO Research 发布统计数据，2020 年中国智能手机处理器市场格局发生了变化，中国台湾的联发科技以 31.7% 拿下第一，华为击败高通排名第二。这反映出全球芯片市场的新变化，即美国对华为以及海思的制裁给国内其他手机厂商敲响了警钟，各大手机厂商不再只寄希望于高通芯片，转而开始寻求更加多样、稳定、可靠的供应来源。

希望美国制裁事件能够激发我国从官方到民间、从中央到地方的自主创新意识，让我们抓住全球芯片市场变化的大趋势，坚定掌握核心技术、掌控自己命运的决心，遵循芯片产业发展的客观规律，不急功近利、不盲目盲从。

相信在不远的未来，我国集成电路产业一定能够取得整体突破！

六、信息普惠

信息通信技术的飞速发展，打破了时空限制、族群区隔和文化差异，让沟通零距离，让世界变得越来越平。

然而，气势如虹的指数式发展背后，另一种不平等及其所带来的影响日益凸显。

这就是"信息穷人"与"信息富人"之间的不平等，也被称为信息鸿沟或数字鸿沟。信息通信技术给人类社会带来的影响和改变越大，信息鸿沟给弱势群体造成的不平等就越深。

如今，信息鸿沟已经成为信息时代的全球性问题。为了让更多的人平等地享用现代信息通信技术和基础设施并通过其改变贫困状况、提升教育水平，全球诸多国家和地区都付出了巨大努力。

图 2-62　通信人在山乡建网

作为全球人口数量最多的发展中国家，我国发挥集中力量办大事的制度优势，举国攻坚、政企联动，创新开展"村村通电话"、电信普遍服务试点、网络扶贫等信息普惠行动，让通信网络遍布神州山乡（见图 2-62），为全世界信息鸿沟的消除贡献了中国力量，打造了令人瞩目的中国样本。

（一）大山深处的呼唤

雪山陡崖、百丈河谷、狭路急弯……在

盘旋的山路上连续颠簸几小时，传说中的"最后秘境"终于揭开了面纱。

古树参天，流水潺潺，白云悠悠，绿波花海。这里是云南省贡山县独龙江乡——"太古之民"独龙族的唯一聚居地，地处中缅交界处的深山峡谷之中，是我国原始生态保存最完整的区域之一，也曾是云南乃至全国最为贫穷的地区之一。

20 世纪 80 年代，独龙江乡还处于"通信基本靠吼"的原始状态，没有网络，也基本没有电。那时，乡里召开重要会议，工作人员要提前好几天走遍 20 多个山头，挨家挨户地通知，既费时又费力。

有没有什么办法能把沟通效率提高一点儿？

贡山县老县长、"人民楷模"高德荣当时担任独龙江乡副乡长，他发明了"放炮传信"的办法。各村委会在制高点用雷管和炸药"放炮"发通知：重要会议放两炮、一般会议放一炮。各村各户根据炮声判断事情缓急，决定谁去开会。

如今已经把手机当作"十八般武器"使用的人们很难想象，如此原始的通信方式，在独龙江乡一直沿用到了 2003 年。

当年，在全国范围内，像这样基本没有任何通信手段的地方还有不少。

在四川阿坝藏族羌族自治州小金县两河乡，乡里只有一个邮政所，村民们和外出务工的亲人打个电话，得翻几座山、走十几里路，农户常因消息不灵通而遭受损失，辛苦耕作了一年也落不着个好收成。

在西藏阿里地区的狮泉河镇，一位在外地工作的干部休假回家，直到 3 个月的假期结束还没有找到自己的家人。因为他的家人是牧民，逐水草而居，在没有通信网络也没有手机的情况下，很难联系到他们，也无法确定"家"在哪里。

⋯⋯⋯⋯⋯

从全球范围来看，因信息通信基础设施水平差异而导致的信息鸿沟现象广泛存在于国与国、地区与地区之间，而且深入影响到地区经济发展、教育水平提升以及文明的进步。令人担忧的是，信息鸿沟及其带来的影响出现了随着信息通信技术的快速发展而逐渐拉大的趋势。

改革开放以来，我国信息通信业大踏步、跨越式发展，从严重制约国民经济的瓶颈跃升为引领国民经济发展的基础性、战略性、先导性行业。2003年，我国电话用户总数新增约8000万，全年突破了5亿，网络规模、用户总数均位居世界第一；网民总数近8000万，跃居世界第二；手机产能占全球的50%以上。

同样，就在我国整体通信能力和水平快速提升的同时，城市与农村尤其是"老少边穷"地区通信发展不平衡的矛盾日益突出。2003年，我国69.5万个行政村中还有近8万个没有通电话，更不用说通互联网了。

信息时代，通信网络对留守在大山深处的乡亲们来说，不仅仅是沟通亲情的桥梁、了解外界的手段，更是实现经济发展、改变贫穷落后面貌的希望。

消除信息鸿沟，让更多的人共享信息通信技术发展的红利，对中国这样一个农村人口超过一半的发展中国家来说，具有很强的现实意义。

（二）从村村通电话到村村通宽带

2003年，信息产业部决定：根据信息产业"十五"计划纲要要求，2005年实现全国行政村通电话比例提升到95%！而那时，我国行政村通电话比例刚达到89%。这就意味着，两年时间必须完成4万余个行政村的电话网络覆盖。

这几乎是不可能完成的任务！

在偏远农村地区进行通信网络建设，不是一般的艰难，这是世界性的难题。

一是难在工程建设。偏远农村地区大多地理位置偏僻、气候条件严酷、自然灾害频发，工程施工难度非常大，时常遇到工程建设极端难题和人类工作极限问题。

二是难在观念意识。贫困地区社会发展相对落后，部分群众的思想观念相对陈旧，对网络畅通所带来的经济价值和社会价值认识不足，通信网络进村有一定困难。

三是难在建设资金。农村地区整体经济相对落后，地广人稀，无论光纤网络还是移动通信基站，建设投资和后续运营成本都非常高，而且用户数量较少，市场收益很低。根据估算，在"三区三州"，每个行政村通光纤的成本平均是东中部地区的 4 倍，每个基站的建设成本平均是东中部地区的 3.3 倍。在部分偏远地区，这一差距达到了约 10 倍。

在经历过兰西拉光缆建设、移动网络上珠峰等大工程历练的通信人看来，翻山越岭、顶风冒雪进行偏远地区的网络覆盖并不是最难的，最难的是第三个难题：建设的资金从哪里来？

据测算，若要在 2 年的时间内完成 4 万余个行政村通电话的目标，需要数百亿元的建设资金。没有资金，如何铺网络、建基站？这笔钱究竟从哪儿来，由谁出，又怎么出呢？

从国际经验来看，解决农村地区网络覆盖问题一般采用建立普遍服务基金的模式，即由国家财政出资对进行农村地区网络建设的企业或组织给予资金交叉补贴。但是因为种种原因，我国设置电信普遍服务基金的规划在当时的条件下没有实现。

一边是广大农村地区老百姓对通网络的迫切渴望，一边是建设资金的捉襟见肘。怎么办？

关键时刻，国企上！

信息产业部几经筹谋，决定带领电信运营企业创新采用"分片包干"的方法推进"村村通电话"工程。

所谓"分片包干"，就是将电信普遍服务需要的资金分摊给当年的中国电信、中国网通、中国移动、中国联通、中国卫通、中国铁通 6 家电信运营企业，各企业分摊的比例，与其收入和利润分别占所有电信运营企业收入与利润总数的比例一致，利润和收入的权重各为 50%。

简单来说，完成把电话接到每个行政村的建设任务，国家财政不出钱，建设资金全部由电信运营企业承担，效益多的担子重些，效益少的担子轻些，例如中国移动效益相对最好，就负责承担"村村通电话"工程 50% 以上的建设任务。

说干就干！上高山、穿林海、踏雪原，凭借国有企业的担当和责任，"分片包干"这一颇具中国特色的电信普遍服务举措将中国广大农村地区的通信基础设施水平推向了一个新高度。

只争朝夕，不负韶华。到 2004 年年底，"村村通电话"工程实施仅一年多，信息通信业就完成了 4 万多个行政村通电话的任务。

不仅要覆盖行政村，还要延伸到自然村！不仅要通电话，还要能上网！

据《人民邮电》报报道，从 2004 年到 2013 年的 10 年间，信息通信业累计投入 870 亿元，为 20.4 万个行政村和自然村开通电话，为 11.1 万个乡镇和行政村开通宽带，实现 100% 的行政村通电话，通电话自然村的比例达到 95.6%，通宽带行政村的比例从 72% 提升到 91%；建成村级信息服务站 33.8 万个，信息下乡活动覆盖全国 85% 的乡镇，电话资费优惠、宽带资费优惠、农村中小学通宽带、集中连片特困地区通宽带等专项惠民行动取得丰硕成果。

藏族老阿妈用上了手机，实现了这辈子打上电话的梦想；小金县的乡亲们搭上信息化的列车，开始发展生态农业、生态旅游业致富奔小康；大山沟里的乡亲们足不出户就能学习农业技术、掌握市场行情、销售农牧产品，"靠天农业"变成"信息农业"……10 年时间，"村村通电话"工程让越来越多偏远山乡的百姓"用得上、用得起、用得好"通信网络（见图 2-63），走出贫困、走上振兴，摆脱了落后，赢得了自信。

岁月不居，时节如流。时光的指针很快指向 2012 年。这一年的 11 月 8 日，中国共产党第十八次全国代表大会在北京召开。党的十八大以来，以习近平同志为核心的党中央把脱贫攻坚摆在治国理政突出位置，向全党全国全社会发出了脱贫攻坚的进军令。同

图 2-63 偏远山乡的百姓用上了手机

年 12 月，习近平总书记到河北阜平看望慰问困难群众时强调："全面建成小康社会，最艰巨最繁重的任务在农村、特别是在贫困地区。没有农村的小康，特别是没有贫困地区的小康，就没有全面建成小康社会。"

按照新的扶贫标准，2012 年我国的扶贫对象约有 1.22 亿人，大多数分布在革命老区、民族地区和边疆地区。对一个当时拥有 13 亿多人口的发展中国家来说，要在几年时间内帮助上亿人摆脱贫困，进而实现全面建成小康

社会的目标，谈何容易？

"为中国人民谋幸福，为中华民族谋复兴"，再难啃的"硬骨头"也要啃下来！

党中央开出了"药方"——"可以发挥互联网在助推脱贫攻坚中的作用，推进精准扶贫、精准脱贫，让更多困难群众用上互联网，让农产品通过互联网走出乡村，让山沟里的孩子也能接受优质教育""要实施网络扶贫行动，推进精准扶贫、精准脱贫，让扶贫工作随时随地、四通八达，让贫困地区群众在互联网共建共享中有更多获得感"。

继"村村通电话"工程之后，一场世所未见、席卷神州的网络扶贫攻坚战就此全面打响：要把最先进的光宽带、4G 网络通到贫困村，实现农村城市同网同速！

建设资金依然是最大的难题。但是，"村村通电话"工程实施 10 年后，网络扶贫工程能否继续采用"分片包干"的模式呢？

世易则时移，时移则备变。此时，重组后的中国电信、中国移动、中国联通 3 家通信央企的发展环境发生了很大变化，随着互联网的快速发展，传统通信业务逐渐被互联网业务替代，行业利润迅速向互联网企业转移，加之当时正值 4G 网络大规模投资建设期，而且面临主管部门经营业绩严格考核的压力，电信运营企业继续全部承担农村宽带网络建设费用变得比较困难。

2014 年，工信部、财政部等相关部委用一整年的时间进行了详细调研和反复论证，最终形成了采用财政补贴的方式实施电信普遍服务的思路：中央资金引导、地方协调支持、企业为主推进，中央财政平均补贴 30%，发挥地方政府积极性，提出对偏远和农村地区宽带投资的多元化资金来源和市场化运作的安排。这是我国电信普遍服务机制的一次重大政策突破。

2015 年 10 月 14 日,国务院常务会议决定,加大中央财政投入,引导地方强化政策和资金支持,鼓励基础电信企业、广电企业和民间资本通过竞争性招标等公平参与农村宽带建设和运行维护,同时探索 PPP[①]、委托运营等市场化方式调动各类主体参与积极性,力争到 2020 年实现约 5 万个未通宽带行政村通宽带、3000 多万农村家庭宽带升级,使宽带覆盖 98% 的行政村,并逐步实现无线宽带覆盖,预计总投入超过 1400 亿元。

当年年底,《财政部 工业和信息化部关于开展电信普遍服务试点工作的通知》印发,正式启动了电信普遍服务试点工作。《2016 年度电信普遍服务试点申报指南》显示,中央财政将对未通宽带的行政村(未通村)或宽带接入能力不足 12 Mbit/s 的行政村(升级村)进行宽带网络建设资金补助。

为指导各地组织实施,两部委相继出台了多个指导性文件,多次对试点实施情况进行现场抽查,选择典型地区召开试点工作现场会。各地通信管理局在没有任何历史经验可遵循的情况下,积极推进、充分协调、严格把关。各级地方政府鼎力支持,出台了诸多支持农村网络建设的优惠政策,全力保障试点项目顺利实施。

粮草到位,千军竞发! 2016 年开始,百万通信人在神州大地同时行动,他们深入大山深处、荒漠戈壁、边远海岛……创造了令全球瞩目的时代壮举。

(三)在高山峡谷点亮信息之光

在国家《网络扶贫行动计划》中,网络扶贫工程包括网络覆盖工程、农村电商工程、网络扶智工程、信息服务工程和网络公益工程五大工程。其

---

① PPP 即 Public-Private Partnership,政府和社会资本合作。

中，网络覆盖工程，也就是电信普遍服务试点工程，是大厦之基、万水之源，而这一工程涉及的建设任务大多是"村村通电话"工程剩下的最难啃的"硬骨头"。

爬雪山、过沼泽、穿林海、涉激流、跃深涧、攀藤索，通信建设者们以高度的责任感和使命感攻克了一个又一个难题，创造了一个又一个奇迹，献出了青春、热血甚至生命。

故事①：在"悬崖村"的"垂直天梯"上，他们咬紧牙关，4千米山路徒步走了5小时，3根钢管20人抬了7天。

蜀道难，难于上青天，而这里是蜀道中的难中之难。

图 2-64 挂在悬崖峭壁之上的藤梯曾是"悬崖村"村民外出的必经之路

凉山彝族自治州昭觉县支尔莫乡阿土列尔村，一个悬崖之上的古老村落。多少年来，村里人外出，甚至几岁的娃娃出门上学，都是靠着"挂"在悬崖峭壁之上的藤梯（见图2-64）。藤梯有十几段，接续相连，又陡又滑，落差高达800米，多年来死伤事故不断。

行路难，通信也难，"悬崖村"就像云中的"孤岛"，与世隔绝，村民贫苦异常。

2016年11月，当地政府

实施"钢管天梯"工程，由1500根钢管构成的"钢梯"代替了"藤梯"。同期，村里的通信状况也开始发生翻天覆地的变化，中国电信、中国移动的网络相继接入"悬崖村"，"孤岛"开始连接外面的信息世界。

2017年6月，为了加强"悬崖村"的信号覆盖，中国铁塔的建设人员又出发了。背上面包、馒头、水煮土豆等干粮，还有几十千克重的建材在山路上攀爬，再强壮的汉子也支撑不了多久。为了减负，大家不敢多带水，渴了只能一小口一小口地抿一点水。

最困难的，还是如何运输建设通信铁塔必需的水泥和钢管。一袋水泥50千克，一根钢管约200千克。施工队与村民共20个人，分成3组，抬着钢管上山，每天只能行进几百米，休息的时候或天黑了就用绳子把钢管固定住，到第二天再继续搬运。就这样，大家足足抬了一周的时间，每个人的肩头都红肿得厉害，就算磨破了也一直咬牙坚持。

快到村里的那段钢梯最具挑战。崖壁几乎垂直于地面，有200多米高，稍大一些、长一些的建材都无法通过背负往上运送，只能几个人先爬上去，用绳子绑住物料，喊着口号协力往上拉，"一、二！一、二！……"，口号声响彻整个山谷。

"悬崖村"通信铁塔建设用了整整20吨物料，全部都靠建设者"人肉"运送和施工，说这里的网络建设比登天还难，一点儿都不为过。

如今，"悬崖村"家家户户通宽带，4G信号全覆盖，电信运营企业还向村民们免费赠送了手机、"光猫"（光调制解调器）、机顶盒，并免费安装、调测、开通。

有了网络，以前无人问津的悬崖蜂蜜，如今成了供不应求的抢手货，一斤能卖上百元；村里还培养了自己的"网红"，直播家乡发生的新变化；农村金融"最后一公里"也被打通了，村民在家门口就能存钱取钱、缴话费、充电费、领取惠农补贴款。

故事②：在汹涌奔腾的独龙江上，他们溜索过江，冒着生命危险把通信设备一点一点运送到大山深处（见图2-65）。

图2-65 在独龙江乡，通信建设者绑着通信设备溜索过江（王毅辉 摄）

独龙江乡通信发展的落后局面，终于在2004年实现了突破。这一年，中国移动在独龙江乡建设了小型水电站发电，并开通多个移动通信卫星基站，我国最后一个少数民族聚居区不通电话的历史由此结束。

此后，独龙江乡通信发展水平与先进地区的差距越来越小。2016年，我国4G牌照发放仅1年多，独龙族成为全国第一个整族进入4G时代的民族。2019年5月，我国5G牌照正式发放前1个月，云南省第一个5G电话率先在独龙江乡拨通，通过网络扶贫工程，曾经封闭落后的偏远山乡用十余载的时间实现了千年的通信梦（其建设的基站见图2-66）。

从落后十年到领先一步，独龙江通信水平的跨越式发展背后，是一代代通信人的默默付出。

图 2-66　曾经与世隔绝、溜索过江、放炮传信的独龙江乡开通了 5G 基站（邵素宏摄）

从贡山县城进独龙江乡，只有唯一的一条公路，就是被称作"绝壁天梯"的独龙江公路。公路沿线地质复杂、环境恶劣，1400 多道弯盘旋在云端谷底，巨大的落差、险峻的山势令人望而生畏。80 多千米的山路，路况好时驾车走一趟大约需要 4 小时，赶上雨季发生滑坡时可能得好几天。由于山高谷深、常年下雨，这里滑坡、落石、塌方、泥石流等地质灾害不断，当地人戏说："在这条路上出的不是车祸，而是空难！"但从 2004 年以来，马春海不知道在这条路上走了多少遍，有时开越野车，有时骑自行车，有时就只能在泥泞中徒步前行。

马春海，中国移动云南怒江贡山分公司副总经理，一个土生土长的独龙族汉子，1998 年进入贡山县邮电局工作，从此与通信事业结下了不解之缘，至今已扎根基层 20 余年。

记得 2004 年，"村村通电话"工程开始建设。高黎贡山高耸入云、终年积雪，独龙江公路崎岖难行、断断续续，马春海独自一人徒步 3 天，翻越高黎贡山进入独龙江乡勘站。随后3年的时间里，马春海做起了翻山越岭、风餐露宿的搬运工，和同事一起将通信基站建设材料运进大山深处，一步一步完成了独龙江乡"村村通电话"工程，实现了全乡所有行政村的2G网络覆盖，终于改变了独龙江乡"放炮传信"的历史。随着移动通信技术的发展，4G、5G网络的建设任务越来越重，难度也越来越大，马春海却一直坚守在家乡。他说："有时也会觉得累，但看着家乡越变越好，再辛苦都值了！"

建站难，维护更难。特别是在独龙江乡这个地质复杂、一年超过300天都在下雨的地方，滑坡、泥石流等地质灾害时常发生，导致光缆中断、基站断电频发，7×24小时神经高度紧绷是马春海的常态。

2020年5月25日，贡山县发生重大泥石流灾害，独龙江公路出现120多处塌方，交通阻断，传输线路被冲毁，基站大面积退服。马春海二话不说，骑着自行车，背着便携式卫星通信站，就从县城上路了，饿了啃干粮，渴了喝凉水，晚上就找个废弃的工棚对付一宿，两天后才到达独龙江乡，让"信息孤岛"终于连通了山外的世界。紧接着，他又重新布放光缆，雨一直下，工具不好使就用手刨，硬是在两天时间内疏通了独龙江乡通往外界的通信生命线。

在不见天日的森林，在云雾缭绕的峰顶，在寒风刺骨的山脊，在蚊虫肆虐的峡谷……正是一个又一个"马春海"，踏着上一辈人的足迹，坚守初心、艰苦奋斗，用肩膀扛出来一座座移动通信基站，用脊背支撑起一个个通信机房，持续为当地百姓的信息畅通保驾护航。

网连独龙江 一跃
跨千年（视频）

"全面实现小康，一个民族都不能少。"从全国最后一个用上手机到打通云南第一个5G电话，独龙江这个习近平总书记深情牵挂的地方，通过宽带网络连通了山外的大世界，搭建了致富的信息桥，正奔向更好的日子。

故事③：在蚊虫肆虐的川西密林里，他们翻山越岭，迎着连续不断的泥石流
　　　　险情，将通信网络铺设进彝族山寨。

从成都平原西行百余千米，就进入了连绵不绝的横断山脉。凉山、甘孜、阿坝3个少数民族自治州就坐落在这片群山的怀抱中。这里是中国地形上第一阶梯和第二阶梯的分界线，层峦叠嶂的群山从"世界屋脊"青藏高原绵延而来，中间纵贯着无数湍急河流冲刷出来的深切峡谷。

纵横的沟谷截断了山里人与外界交流的通道，贫困，是那大山深处发出的哀叹。为"三州"大山里的深度贫困地区打破"困"局，用信息通信网络搭建与外界沟通的桥梁，铺就脱贫致富的"大道"，成为当地通信人肩上沉甸甸的责任。

这里平均海拔达3800米，沟谷纵横、山陡路险，大型现代化施工工具没有用武之地，很多时候网络设备还需要建设者手抬肩扛。加之林密草深、蚊虫肆虐，气候恶劣，冬有盈尺暴雪，夏有塌方和泥石流，网络建设者们选址勘查需要翻山越岭，铺设光缆时常栉风沐雨，架设线路总是登高冒险（见图2-67）。

图2-67　通信建设者在雪山之巅建设移动通信基站

正如中国移动四川甘孜石渠县分公司经理丹真曲批所说的，"农牧民群众的网络，是我们一步一步'丈量'出来的"。

石渠县地处青藏高原东南缘的四川、青海、西藏三省区结合部，平均海拔 4520 米。高寒缺氧，年平均气温不足 0 摄氏度，空气含氧量仅有平原地区的 60%，全年有效施工期不足半年，加上面积广阔、村落分散，基站选址和建设相比其他地区是难上加难。有时候一个备选站点跑下来，一整天就过去了，但为了切实发挥网络扶贫的普惠作用，丹真曲批凭着一股"啃硬骨头"的韧劲，带领团队一个一个站点勘查。

由于自然环境和村民居住分散等限制，石渠县的很多基站都必须建在半山腰上，网络信号才能有效覆盖全村。2018 年 8 月，长沙贡马乡色更村的基站开始建设，该站点位于海拔 4200 多米的山上，施工难度远超预期。由于气候条件恶劣，冻土层问题严重，交通不便，大型机械不能到达现场作业，丹真曲批便组织团队肩挑手抬，将能送到现场的设备都送上去。由于道路太窄，上百根电杆无法用货车直接运输，只能用肩扛马驮的方式一根一根转运；基站的位置太高，车辆无法到达，传输光缆只能靠施工人员一点一点背上去。丹真曲批常说："遇到问题，就算没有条件，也要创造条件去解决。"丹真曲批和他的同事们就是这样，日复一日地和艰苦的自然环境"较劲儿"，终于用 45 天的时间完成了色更村基站的建设。

自 2018 年承担电信普遍服务建设任务以来，丹真曲批一直坚守在这个有着"生命禁区"之称的高海拔县城，用脚步"丈量"这 2.5 万平方千米的土地，为石渠县搭建了"网络高速公路"，让农牧民尽情享受信息新生活。

四川甘孜石渠县的
网络建设（视频）

. . . .

这些故事仅仅是电信普遍服务网络建设中的几个小片段。茫茫戈壁、寂静草原、密林深山、冰峰雪岭，孩子脸似的无常天气、迟暖早寒的季节挑战……那些镜头下的画面越是美妙，通信建设者面临的困难就越是难以逾越。在高寒缺氧的"世界屋脊"上，他们迎风踏雪，挑战生命极限，建成"信息天路"；在险象环生的广袤南海中，他们乘风破浪，在高温、高湿、高盐、高辐射、高腐蚀的环境下，让通信信号穿越万里海疆……在广袤的神州大地，每一个村落网络通达的背后都印刻着无数通信人的足迹。他们建起的高速高质的宽带网络，联通了广大乡村的每一个角落，让贫困群众搭上了脱贫致富的信息快车。

（四）创造农村网络覆盖世界奇迹

2016 年以来，在党中央、国务院的正确领导下，工信部、财政部等多个部委联合创新，地方党委、政府及相关部门倾力支持，电信运营企业等行业中坚全力以赴，上百万通信人日夜奋战，创造了农村通信覆盖的世界奇迹——截至 2020 年，我国连续实施了六批电信普遍服务试点工程，覆盖全国 27 个省（区、市），完成了 13 万个行政村的光纤网络和 5 万个农村的 4G 基站建设任务，其中包括 4.3 万个贫困村的光纤网络和 1.5 万个贫困村的 4G 基站建设，全国贫困村通光纤和通 4G 网络比例均超过 99%；农村光纤宽带平均下载速率超过 100 Mbit/s，基本实现农村、城市"同网同速"，提前超额完成《"十三五"脱贫攻坚规划》提出的"宽带网络覆盖 90% 以上贫困村"的目标。曾经与世隔绝的大山深处建起了比肩城市的信息高速路，越来越多偏远地区的群众共享到了信息时代的数字红利，走上了脱贫致富奔小康的幸福大道。

统计显示，2013 年以来，中国电信累计在农村地区投资电信基础设施超过 1000 亿元，截至 2019 年 9 月，实现了全国乡镇 4G 网络覆盖率 100%，91% 以上的行政村通宽带，全国乡镇光纤宽带覆盖率 90%。多年来，中国移动形成了依托 "1+3+X" 体系框架的 "网络 +" 扶贫模式，累计投入超 800 亿元，实现了 12.2 万个自然村通电话、8.4 万个行政村通宽带，全国行政村 4G 覆盖率超过 98%，建档立卡贫困村宽带覆盖率超过 97%。多年来，中国联通全力支撑普遍服务，提升乡村网络覆盖水平。截至 2019 年年底，中国联通已对全国超 9 万个乡镇实现网络 100% 覆盖，行政村覆盖总量已超 46 万个。

网络建成后，工信部带领信息通信业大力实施农村资费优惠，在全国推进 "提速降费" 的基础上，进一步对建档立卡贫困户给予通信资费优惠，惠及 1200 万贫困户，其中 700 万户享受通信资费 5 折及以下的优惠。

据《人民邮电》报报道，中国电信、中国移动、中国联通推出了大规模让利行动，让偏远地区的群众不仅用得上宽带网络，还要用得起、用得好。其中，中国电信在全国 3.5 万个营业点上线扶贫套餐，2019 年以来累计让利超 19 亿元，建设精准扶贫大数据管理平台，服务 17 个省（区、市）3900 万贫困群众；中国移动面向贫困群众推出大幅优惠的专享 "扶贫套餐" 和

购机补贴，累计惠及建档立卡贫困户 1400 余万人，让利 30 亿元，向贫困地区群众捐赠自有品牌手机（见图 2-68）等终端设备；中国联通为贫困地区提供资费优惠，推出专属优惠套餐超过 150 款，累计减免通信费用 3.67

图 2-68 获得赠送的手机，乡亲们喜笑颜开

亿元，帮助超过 40 万贫困户实现了脱贫。

在网络扶贫工程的推进中，我国通信央企的责任担当尤其值得点赞。农村及偏远地区经济基础相对薄弱、地理环境复杂、人口居住分散，宽带建设投入大、运行维护成本高，且投资收益低。这是很多国家面临的共同难题，也是多数国家电信普遍服务推进难的根本原因。企业是经营主体，逐利是本性，为此，在很多国家，即使政府针对偏远地区给予了高额补贴，但推行电信普遍服务依然遭到通信企业的冷遇。不赚钱，受资本驱使的企业一般是不会投资建网的。而我国电信运营企业作为中央企业，肩负政治责任、社会责任、经济责任，在关乎国计民生的重大问题上，始终坚持"人民邮电为人民"的行业宗旨，即使是在收不回投资的偏远地区，只要有需要，就会不讲条件地建设网络、维护网络。

这样的投入和付出充分体现了大国央企强烈的政治责任感和使命担当，是我国社会主义制度优越性的集中体现，也是我国农村地区网络发展能后来居上并大幅度领先于其他国家的主要原因。

（五）网络架起致富小康桥

从雪域高原到边陲海岛，从石漠荒地到大山深处……网络扶贫的春风吹活了曾经受困于信息鸿沟的神州山乡。

宽带通了，新出炉的惠民政策、最先进的技术信息可以直达田间地头；信息"灵"了，全中国甚至全世界的市场行情尽在掌握之中，村民们再也不怕收购商靠"信息垄断"随意压价；电商来了，曾经"藏在深闺"的农特产品开始"名扬天下"；直播带货，让大田园与大市场实现了直接连通（见图 2-69）……信息链真正带动了农业产业链、农产品供应链和价值链的发展，贫困群众切实感受到——网络架起了致富桥，宽带连起了好日子！

图 2-69 通过 4G 网络直播带货已经成为乡村年轻人的必备技能

在贵州省黔西南州望谟县，通信建设者在"无双休日、无节假日、无准点下班"的状态下，夜以继日地完成了第一批电信普遍服务试点工程，成功将古老苗寨带入了光网时代。家里的乡亲们打开了致富新思路，通过宽带网络直播带货，把当地的金煌芒打造成了"网红"水果，抢购订单如雪花般纷至沓来。乡亲们激动地说："我们的金煌芒个头特别大，皮薄核小，不仅营养丰富，而且口感细腻、气味香甜。但是因为信息闭塞，品牌效应没有形成，产品价格不高，再加上中间商压价，所以一直卖不上价。如今依托宽带网络打出了知名度，有的资深'吃货'2019 年就预定了 2020 年的芒果订单。"

在四川省甘孜州磨岗岭村，这个被称为"最北彝寨"的小山村实现了光纤和 4G 网络覆盖后，当地老百姓利用宽带网络开展了智慧民宿的宣传和运营，大山的秀美风光和红色的长征足迹吸引了全国各地的游客纷纷来此观光旅游。村民们说："自从 2017 年年底成功通了网络，我们的智慧民宿已经接待了超过 3 万人次的游客，这极大改善了我们的生活，真心感谢国家的好政策！"除了智慧民宿，磨岗岭村还成立了益农信息社，通过电商平台把当地的茶叶、蜂蜜、香料等特产销往全国；农资生产企业在益农服务平台上发布信息，农户可以在线上快捷方便地预定农资用品；省里的专家还通过网络平台向百姓提供与其切身利益相关的国家政策解读和先进农业技术指导。

在山东省菏泽市曹县，乡亲们通过宽带网络发展电子商务，把曾经的山东经济发展拖后腿的县变成了淘宝"全网销售百强县"。2018 年，曹县全县淘宝村的数量就达到了 113 个，成为全国第二、山东第一的淘宝村集群，曹县大集镇更是从默默无闻的穷乡僻壤一跃成为全国知名的首批"淘宝村"。镇里的农户大都以加工制作演出服、戏装、舞蹈服等为生，全镇网店过万家，2019 年销售额超过 5.2 亿元。远近闻名的亿元淘宝村——丁楼村年销售收入超过 100 万元的服饰加工户有 100 家，其中超过 500 万元的有 60 余家，160 多家加工户成立了自己的公司。

令人振奋的是，网络扶贫提供了脱贫攻坚的新思路、新路径、新手段，不仅能够帮助农民脱贫致富，改变传统的农业生产方式，还为推动城乡教育均等化、解决农村医疗健康问题、提升乡村治理水平、加强基层党建和巩固基层政权、改变农村文化生活和农民精神面貌提供了有力支撑和保障。

中共中央网络安全和信息化委员会办公室的数据显示，宽带网络进村入户后，全国农村网络零售额由 2014 年的 1800 亿元，增长到 2019 年的 1.7 万亿元，规模扩大了 8.4 倍。全国中小学（含教学点）互联网接入率从 2016 年年底的 79.2% 上升到 2020 年 8 月的 98.7%。到 2020 年，我国网络扶贫信息服务体系基本建立，远程医疗实现国家级贫困县县级医院全覆盖，全国行政村基础金融服务覆盖率达 99.2%。

谈起网络给生活带来的变化，彝族致富带头人罗向明笑着说："我们彝族人爱喝酒，开通了宽带网络后，我们都喜欢上了上网、刷手机，连酒都喝得少了！"现在，每天晚上，罗向明一家喜欢坐在沙发上收看 IPTV，网络电视的内容包括中央电视台和各地电视台的节目，可点播的电影、电视剧，还有针对当地的精准扶贫、大爱四川和甘孜专区频道的节目。"光纤宽带不仅提高了家里的经济收入，更丰富了我们的精神世界，这幸福真是来之不易，我们要好好珍惜。"

在云南省怒江州，中小学生能够通过云平台接触到全省乃至全国的优质教育资源，异地同步的互动课堂模式让大山里的学生得到与城里孩子一样的教育；在河南省汝阳县，运用覆盖县、乡、村三级"远程诊疗"网络平台，有效解决了群众特别是贫困群众看病难的问题，汝阳山区的农民患者足不出村便可享受到省级医疗专家的服务；2020 年新冠肺炎疫情突如其来，我国有约 2.65 亿名在校生（包括农村的学生，见图 2-70）开启网课学习模式，有效保证了疫情期间"停课不停学"……

图 2-70　重庆南川区三泉镇马嘴村的孩子获赠免费"助学流量"（李媛婧 摄）

　　让更多贫困群众用得上、用得起、用得好互联网，让亿万人民共享信息时代的数字红利，让人民群众拥有更直接、更实在的获得感、幸福感、安全感，广大通信人正是这样努力着。如今，乡亲们的期盼已经成功接入现实。独具中国特色的网络扶贫行动，不仅助力贫困群众脱贫致富，解决生存问题，更推动广大群众奔向小康，破解发展难题。当下，信息的魅力正在广袤农村绚丽绽放，电子商务、远程医疗、智慧农业（见图 2-71）、智慧教育、智慧旅游、云上签约等领先的信息应用已经开始深入广大农村地区，点亮了越来越多人告别贫困、走向幸福的希望之光。

中国移动 5G 助力稻鱼共生（视频，《浙江日报》记者来逸晨提供）

图 2-71　通过5G 智慧农业应用，农户用手机就能查看田里作物的生长情况

　　"消除贫困是全人类的共同使命，也是世界性的难题。中国作为全球人口数量最多的发展中国家，全力实施脱贫攻坚，实现了大规模人口脱贫，这是前所未有的壮举，也是对人类减贫事业的杰出贡献。'中国式扶贫'的优秀经验值得全世界关注，其中最具代表性的举措之一就是网络扶贫。很难想象，在中国这样一个幅员辽阔、地形复杂、人口众多的发展中国家，电信普遍服务能取得这样令人瞩目的成绩。我相信，利用信息通信技术开展网络扶

贫和促进偏远地区数字化发展的中国方案,对推进全球减贫事业具有积极而深远的意义。"对于中国网络扶贫的成就,国际电信联盟秘书长赵厚麟如是评价。

(六)信息普惠任重道远

2020 年,一场突如其来的新冠肺炎疫情席卷全球。依托广泛覆盖的优质信息通信基础设施和丰富的信息化应用,中国人迅速从"面对面"转为"屏对屏",在线工作、云上生活保证了复工复产复学的如期进行。

然而,健康扫码、手机支付、在线预约等智能化服务在大大方便人们生活的同时,也让一些不会上网、不会使用智能手机的老年人遭遇了难以跨越的"数字鸿沟",他们面临着出行、就医、消费等方面的一系列难题,这在疫情"在线生活"时期分外突出。

不会用健康码不能乘地铁,不会网上挂号不能顺利就医,不会手机支付不能正常购物……老年人面临的尴尬场景越来越多。2020 年 11 月,一位高龄老奶奶冒雨交社保却被告知不收现金的心酸场景引爆了网络,引发社会各界的广泛热议。

人口老龄化是当今世界面临的共同挑战。到 2019 年年底,我国 60 岁及以上老年人口已达到 2.54 亿,占总人口的比例约为 18.1%。预计"十四五"期间,我国老年人口将突破 3 亿,占比将超过 20%。

信息时代,那些不会使用智能应用的 2.5 亿人怎么办?如何帮助"银发族"跨越"数字鸿沟"?

国务院迅速出手!就在 2020 年 11 月当月,国务院办公厅印发《关于切实解决老年人运用智能技术困难的实施方案》(以下简称《方案》),要求聚焦老年人日常生活涉及的高频事项，做实做细为老年人服务的各项工作，让老年人在信息化发展中有更多获得感、幸福感、安全感。

《方案》提出，到 2020 年年底前，集中力量推动各项传统服务兜底保障到位，抓紧出台实施一批解决老年人运用智能技术最迫切问题的有效措施，切实满足老年人基本生活需要；到 2021 年年底前，围绕老年人出行、就医、消费、文娱、办事等高频事项和服务场景，推动老年人享受智能化服务更加普遍，传统服务方式更加完善；到 2022 年年底前，老年人享受智能化服务水平显著提升、便捷性不断提高，线上线下服务更加高效协同，解决老年人面临的"数字鸿沟"问题的长效机制基本建立。

《方案》从做好突发事件应急响应状态下对老年人的服务保障，便利老年人日常交通出行、日常就医、日常消费、文体活动、办事服务、使用智能化产品和服务应用 7 个层面列出了 20 项重点任务。

随后印发的《工业和信息化部关于切实解决老年人运用智能技术困难便利老年人使用智能化产品和服务的通知》，明确推出四方面 12 项重点工作（见表 2-9），切实维护老年人在信息时代的合法权益。

表 2-9 工信部推出切实解决老年人运用智能技术困难的 12 项重点工作

重点工作		具体内容
为老年人提供更优质的电信服务	1	保留线下传统电信服务渠道，持续完善营业厅"面对面"服务
	2	持续优化电信客服语音服务，提供针对老年人的定制化电信服务
	3	持续完善网络覆盖，精准降费惠及老年人
	4	推广完善"通信行程卡"服务
	5	加强电信行业从业人员培训
开展互联网适老化及无障碍改造专项行动	6	抓好《互联网应用适老化及无障碍改造专项行动方案》

续表

重点工作		具体内容
扩大适老化智能终端产品供给	7	推动手机等智能终端产品适老化改造
	8	开展智慧健康养老应用试点示范工作
	9	推进面向智慧健康养老终端设备的标准及检测公共服务平台项目建设
	10	加快实施《关于促进老年用品产业发展的指导意见》
切实保障老年人安全使用智能化产品和服务	11	规范智能化产品和服务中的个人信息收集、使用等活动，降低老年人个人信息泄露风险
	12	严厉打击电信网络诈骗等违法行为，确保老年人安全享受智能化服务

社会各界迅速行动起来，特别是电信运营企业、终端制造企业、互联网企业、金融企业、运输企业等，先后推出了一系列"助老"智能化服务：手机终端从界面、字号、音量、程序等多方面进行适老优化；电信运营企业在营业厅内设置了老年人爱心专席，有志愿者手把手教老年人使用智能手机、讲解电信网络诈骗套路，推出老年人专属优惠资费，为"空巢老人"提供业务上门服务；上海还推出了智能水表应用，若 12 小时内水表读数低于 0.01 立方米，会自动发出预警信息给老人的家人或居委会；互联网企业推出大字版、语音版、简洁版等适老 App；网约车平台增设方便老年人使用的"一键叫车"功能……随着面向"银发族"的智能化技术改造和服务提升持续推进，相信将有更多的老年人摆脱触网窘境，跨越"数字鸿沟"，享受"数字红利"。

在尖端技术领域，信息通信技术与飞入太空、探向深海、超级计算等科学技术的最大区别，就在于其普惠性，在于其对广泛人群的普适价值。

目前，我国通过电信普遍服务创造了世界通信史上的奇迹，解决了最难跨越的"数字鸿沟"问题，也就是由信息通信基础设施水平地域发展不平衡所带来的"数字鸿沟"问题，但是因年龄、性别、健康状况、收入情况、知识水平等所带来的"数字鸿沟"依然在全世界范围内广泛存在。

如何更好地消除各种"数字鸿沟",坚持以人为本地发展智能化应用,增进全体人民特别是弱势群体、特殊群体的福祉,让所有人在信息时代拥有更多获得感、幸福感、安全感,是全球信息通信业必须关注并解决的重要课题。中国正围绕这一课题不懈努力!

第三篇
数字中国　无远弗届

当今世界正经历百年未有之大变局，新一轮科技革命和产业变革深入演进，和平与发展仍然是时代主题，同时国际环境日趋复杂，不确定性、不稳定性明显增强。

站在实现"两个一百年"奋斗目标的历史交汇点上，我国统筹中华民族伟大复兴战略全局和世界百年未有之大变局，把科技自立自强作为国家发展的战略支撑，着力建设网络强国、数字中国、智慧社会，积极迎接数字时代的机遇与挑战。

在这一过程之中，全球前沿科技领域将成为国际竞争的热土。工业互联网、移动通信、人工智能、区块链、云计算、大数据等信息技术的赛道已经铺就。在技术迭代中夺得先机，对国家实力与竞争力的提升至关重要。不预则不立，我国正在信息技术前沿领域加快布局，抢占数字经济发展制高点。

面向未来，我们初心不改，奋力追梦！

一、信息技术全球竞速

新一轮科技革命和产业变革正在加快重塑世界，尤其是在信息通信领域，创新技术与应用不断涌现，科技成果转化速度明显增快，深刻影响和改变着人类社会的生产、生活方式。

当前，新一代信息技术已经进入融合创新、迭代演进加速的新阶段。当信息通信科技竞赛愈加激烈，如何牢牢把握数字经济发展机遇，成为国与国之间竞争的热点所在。

战略高地，"不进则退，慢进亦退"。世界主要国家纷纷出台有关信息通信技术、数字经济发展等领域的中长期规划，从国家顶层设计统筹安排、强力推进，以图占领先机。

美国先后发布《数据科学战略规划》《国家网络战略》以及致力于打造量子互联网的计划。2020 年美国白宫发布《美国 5G 安全国家战略》，具体举措包括：促进美国 5G 的部署；评估风险并确定 5G 基础设施的核心安全原则；管理因使用 5G 基础设施给经济和国家安全带来的风险；促进负责任的全球 5G 基础设施开发和部署。这是根据美国《保障 5G 安全及其他法案》要求所采取的第一步行动。

欧盟委员会于 2020 年发布了包括《欧洲数据战略》在内的系列规划。这是继 2014 年首次提出数字化转型战略以来，欧盟为巩固"技术主权"、推进数字经济领导者地位建设的又一重大举措。欧盟想借此构建"单一数据市场"，推动数据使用、平台治理和人工智能等领域的发展和立法。

东南亚国家联盟发布《东盟数字总体规划 2025》，旨在推动东盟数字发展与合作。韩国通过"2021 年 5G+ 战略促进计划"（草案）和"基于 MEC 的 5G 融合服务发展计划"，计划投资 1655 亿韩元开发 5G 融合新技术。

在重要的前瞻性领域，各国更是提前布局、大力投入，以期在科技竞争中不掉队。法国于 2021 年启动了规模为 18 亿欧元的量子技术国家投资规划，用于未来 5 年发展量子计算机、量子传感器和量子通信等，并推动相关产业的教育培训工作。欧盟已启动 6G 标准研究，并于 2021 年年初启动了一项为期两年半的研究项目 Hexa-X，旨在为 2030 年左右启用新网络做准备。印度宣布建设量子计算应用实验室，加速以量子计算为主导的研发。以色列于 2020 年成立 3 个高科技产学联盟，研究方向涉及自动驾驶汽车技术、量子通信技术和先进材料加工技术。虽然 5G 尚在推广普及阶段，但美国已于 2020 年开放试验频谱，正式启动 6G 技术研发。

可以看出，世界主要国家在科技前沿的布局重点集中在下一代移动通信技术、人工智能、先进制造以及信息通信技术对制造业的注智赋能上。这些领域也必将成为国际科技竞争的焦点。

我国高度重视信息通信技术及产业的发展，在面向未来 15 年发展的纲领性文件——《中华人民共和国国民经济和社会发展第十四个五年规划和2035 年远景目标纲要》（以下简称《纲要》）中，将"加快数字化发展　建设数字中国"作为独立篇章，从技术、应用、产业、生态、安全等维度指出发展方向，提出十大数字化应用场景，彰显了我国建设网络强国、数字中国、智慧社会的决心。

下一阶段，哪些技术和产业将站上风口，引领信息技术的发展呢？

二、工业互联网：第四次工业革命的主战场

如果说消费互联网解决的是人与人之间的连接问题，那么工业互联网要解决的是人与物、物与物之间的连接问题。迎接第四次工业革命浪潮，工业互联网是"寸土必争"的主战场。

制造业是我国经济的命脉所系。新一轮技术革命和产业变革进入加速突破期，为制造业高质量发展提供了广阔空间。特别是第四次工业革命即将到来，不同于蒸汽化、电气化和信息化，这次以"智能化"为核心的全新产业革命，将会把现代信息技术与工业技术的融合创新提升到前所未有的水平。

第四次工业革命以高速宽带连接为基础，以数据和算力为核心，以工业互联网为平台，将开启"工具革命"向"主体革命"的转变，推动生产力主体由"人"到"物"的跨越，最终让智能机器取代人机协作，成为物质财富生产的主导力量。

这场 21 世纪发端的全新技术革命，对中国来说是巨大的历史机遇。经过70 多年的发展，我国成为全世界唯一拥有联合国产业分类中所列全部工业门类的国家。完整的工业体系、强大的配套能力和超大规模的国内市场等，是工业经济平稳运行的坚实保障。我国要在此基础上，聚焦重点领域和产业链关键环节，在推动制造业数字化、网络化、智能化发展上下功夫，实现历史性突破。

工业互联网就是关键突破点。作为新一代信息技术与制造业深度融合的产物，工业互联网正成为第四次工业革命的关键支撑和深化"互联网＋先进制造业"的重要基石，是实现工业经济数字化、网络化、智能化发展的重要基础设施，对未来工业经济的发展将产生全方位、深层次、革命性的影响。

工业互联网通过人、机、物的全面连接，构建起全要素、全产业链、全

价值链全面互联的先进制造业体系和现代服务业体系，是实现工业数字化、网络化、智能化发展的新型基础设施，是第四次工业革命的重要基石，是产业和企业融通发展的重要支撑。工业互联网也是促进数字经济和实体经济深度融合、推动经济高质量发展的重要引擎。

值得欣喜的是，我国工业互联网发展已经在多个领域实现突破。

在我国规模最大、设计标准最高、功能最全的湖北省襄阳市东风汽车试车场，"5G+工业互联网"开启"云脑"管理模式，指令即送即达，汽车变身"汽车人"，驾驶员"解放"双手的梦想得以实现。

在湖南省湘潭市华菱湘钢的工厂，工程师坐在远程操控椅上实时操控炼钢区废钢跨天车，装车、卸车、吊运……各项操作有条不紊，"5G+工业互联网"让钢铁工人从此远离高噪声、高粉尘的恶劣工作环境。

内蒙古鄂尔多斯市麻地梁煤矿240米深的井下，采煤机自动运转，司机坐在宽敞明亮的办公室里，通过"5G+智能采煤系统"远程精准控制采煤机的开停。

浙江省东阳市横店东磁电池片六厂，AGV在不同的生产单元间灵活穿梭。基于中国移动5G网络的AGV调度系统，车辆的连接数大幅增加，车间一站式管控生产让效率显著提升。

…………

从这些成功应用可以看出，5G与工业互联网的结合让传统行业焕发出了新生机。

为什么是5G？

工业企业的底层网络通常是有线网络。随着工业生产场景越来越复杂，机动性要求越来越高，对无线网络的需求越来越多。而工业场景对带宽、安全、稳定性的要求远远高于传统的面向个人的网络。两个人之间通话，打不通可以再打；但是机器与机器之间的互联，一旦中断，就有可能造成生产事故。

高速率、低时延、高可靠、广连接的 5G 网络，能够承载海量的连接，它的出现为物与物之间的不间断连接提供了可能。5G 与工业场景的密切结合，将催生全新的工业生态体系，推进制造业高质量发展。

5G 工业专网建成后，能够实时获取工厂生产运行的数据，通过大数据分析以及人工智能，优化生产决策、降本增效。"5G+ 工业互联网"使得生产线高度灵活，针对个性化需求真正实现柔性生产。未来的工业生产需要大量的人机协同，不仅仅是指令传输，复杂的视觉、触觉信息的同步，都可以基于"5G+ 工业互联网"实现。

我国政府高度重视工业互联网的发展。2019 年 11 月工信部印发《"5G+工业互联网"512 工程推进方案》，大力推进"5G+工业互联网"网络关键技术产业能力、创新应用能力以及资源供给能力的提升。2021 年 1 月，工信部发布《工业互联网创新发展行动计划（2021—2023 年）》，开启了工业互联网的新阶段。

2020 年，我国工业互联网产业经济增加值规模约为 3.1 万亿元，同比实际增长约 47.9%，对 GDP 增长的贡献将超过 11%。

从全世界范围来看，工业互联网的发展尚处于初级阶段，正在基础设施建设、标准、商业模式等方面进行摸索，标识、平台、安全等一批关键技术领域亟待产业化突破。

如果说消费互联网是互联网发展的"上半场"，那么工业互联网就是至关重要的"下半场"。我国必须牢牢把握工业互联网的发展机遇，巩固制造业大国地位，在第四次工业革命中引领潮流风向。

三、移动通信技术：突破在星辰大海

"使用一代，建设一代，研发一代，每十年更新换代。"从 1G 到 5G，这是移动通信技术发展的规律。

随着 5G 技术 R17 国际标准的正式发布以及网络建设、市场拓展的快速推进，通信学术界、产业界以及标准化组织已经启动了 6G 在愿景、需求和技术上的研究。

2018 年 7 月，ITU 设立"网络 2030 焦点组"，启动 6G 技术研究，并于 2020 年 2 月正式发布 6G 研究计划。

2019 年 3 月，全球首届 6G 峰会在芬兰举办，拟定全球首部 6G 白皮书，明确 6G 发展的基本方向。同期，美国联邦通信委员会决定开放 95 GHz 到 3 THz 频段，供 6G 实验使用。

2019 年 11 月，我国在北京组织召开 6G 技术研发工作启动会，宣布成立国家 6G 技术研发推进工作组和总体专家组，并在当年年底更名为 IMT-2030 推进组，推动 6G 相关工作。中国移动、中国电信、中国联通、华为、中兴等企业纷纷启动 6G 研究工作。

2020 年 8 月，韩国科学与信息通信技术部发布《引领 6G 时代的未来移动通信研发战略》，计划从 2021 年开始的 5 年内投资 2000 亿韩元研发 6G 技术，专注于 6G 国际标准并加强产业生态系统，从而确保韩国继 5G 之后成为全球首个 6G 实现商用的国家。韩国政府将首先在超高性能、超大带宽、超高精度、超空间、超智能和超信任 6 个关键领域推动 10 项战略任务。

2021 年 1 月，欧盟的 6G 旗舰研究项目 Hexa-X 正式启动，该项目是欧盟选定的 9 个 "后 5G" 项目之一，由诺基亚与爱立信进行协调，汇集了 25 家企业和科研机构，包括法国电信运营企业 Orange、法国原子能和替代能源委员会、德国西门子、意大利电信、西班牙电信和英特尔等。

…………

随着各国及产业界 6G 研究的推进，6G 通信的愿景、场景和基本指标呈现新进展，全球 6G 研究在悄然间进入你追我赶的状态，6G 将成为下一代信息通信技术竞争的焦点。

6G 有什么特别之处？有人这样类比道：如果说 4G 改变生活、5G 改变社会，那么 6G 将改变世界。

2019 年 10 月，全球首部 6G 白皮书《6G 无线智能无处不在的关键驱动与研究挑战》发布，给出了 6G 技术的关键指标。6G 的峰值传输速率将达到 100 Gbit/s ～ 1 Tbit/s，而 5G 的峰值传输速率仅为 10 Gbit/s；6G 的室内定位精度将达到 10 厘米，室外定位精度将达到 1 米，相比 5G 提高 10 倍；6G 的通信时延将达到 0.1 毫秒，是 5G 的 1/10；6G 具有超高可靠性，中断概率小于百万分之一；6G 具有超高密度，连接设备密度达到每立方米过百个。此外，6G 将采用太赫兹频段通信，网络容量大幅提升。同时，从覆盖范围上看，6G 无线网络不再局限于地面，而是将实现地面、卫星和机载网络的无缝连接。

贝尔实验室 2021 年 2 月发布的《6G 通信白皮书》显示，6G 是实现 "数字孪生" 应用的关键所在，可以记录和再现我们所处的物理世界与生物世界的每个时空瞬间。《白皮书》中列出了 6G 技术的 6 个关键性能指标：数据率 / 吞吐量 / 容量（大于 100 Gbit/s）、时延与可靠性（时延 0.1 毫秒，可靠性达到 9 个 9）、规模与灵活性（每平方千米连接 1000 万台设备）、精度与准确度（厘米级精度，小于 1% 的误差）、自适应及响应时间（1 秒）、终端设备（零功耗）。

2021 年 6 月 6 日，中国 IMT-2030（6G）推进组正式发布《6G 总体愿景与潜在关键技术》白皮书，提出 6G 八大业务应用场景和十大潜在关键技术，认为 6G 将助力人类社会实现"万物智联、数字孪生"美好愿景。6G 八大业务分别是沉浸式云 XR、全息通信、感官互联、智慧交互、通信感知、普惠智能、数字孪生、全域覆盖。6G 十大潜在关键技术方向包括：内生智能的新空口和新型网络架构，增强型无线空口技术、新物理维度无线传输技术、新型频谱使用技术、通信感知一体化技术等新型无线技术，分布式网络架构、算力感知网络、确定性网络、星地一体融合组网、网络内生安全等新型网络技术。

6G 的世界将是怎样的？中国能否继续占据领先优势？2021 年 4 月，国家知识产权局知识产权发展研究中心发布了《6G 通信技术专利发展状况报告》。报告显示，6G 通信技术领域全球专利申请量超过 3.8 万项，中国专利申请占比 35%（1.3 万余项），位居全球首位。国家知识产权局数据显示，中国 1.58 余万件 6G 专利申请中，80% 为国内申请人提交，数量近 1.27 万件，而国外来华专利申请为 3100 余件。从中国专利申请来看，6G 关键技术和专利申请数量排名前十的单位均为国内高校和科研机构。未来，值得期待！

四、ABCD：融合发展前景无限

数字化时代有四大核心技术，通常我们称之为 ABCD：

A——人工智能（Artificial Intelligence）；

B——区块链（Block Chain）；

C——云计算（Cloud）；

D——大数据（Big Data）。

这四者之间呈现融合发展的态势，你中有我、我中有你。

人工智能

什么是人工智能？

人气爆棚的科幻文学和科幻电影让广大普通民众认为人工智能等同于强大的机器人，它们不但在脑力、体力上和人类一样甚至更强，在外表上也可以做到和人类相近。想象中的超能机器人离我们还有些遥远，实际上我们生活中已经充满了人工智能。

作为计算机学科的一个重要分支，AI（Artificial Intelligence，人工智能）的概念诞生于 1956 年。那年夏天的美国汉诺斯小镇，几位科学家聚集在达特茅斯学院中，热烈讨论着一个颇为"魔幻"的话题——用机器模仿人类学习及其他方面的智能。由此，人工智能的概念首次被明确提出。

几十年后的今天，当年的科学家们可能也未曾料到，被赋予神奇能力的 AlphaGo 横扫人类顶尖棋手，人工智能成为时代最火热的关键词之一。

简单来说，人工智能是研究、开发用于模拟、延伸和扩展人的智能的理论、方法、技术及应用系统的一门技术科学。

早在 20 世纪 70 年代，人工智能就被认为是世界尖端技术之一。按照学界的观点，人工智能可以分为 3 类——

弱人工智能（Artificial Narrow Intelligence）：擅长某个方面的人工智能。例如第一个击败人类职业围棋选手、第一个战胜围棋世界冠军的人工智能机器人 AlphaGo，下国际象棋可能就没那么厉害。

强人工智能（Artificial General Intelligence）：人类级别的人工智能，在各方面都能和人类比肩，目前还没有被创造出来。

超人工智能（Artificial Superintelligence）：人工智能思想家将其定义为"在几乎所有领域都比最聪明的人类大脑还要聪明得多，包括科学创新、通识和社交技能"，目前只存在于想象中。

弱人工智能已经普遍存在于我们的生活中，例如网上购物的个性化推荐、医学影像 AI 阅片、人脸识别门禁、智能导航、语音助手、机器人客服，等等。

在某个单一领域的人工智能已经有超越人类能力的趋向：在语音识别、图像识别领域，机器已经达到甚至超过普通人类的水平；自动翻译机器已经产品化；棋类方面，机器早已打败了顶尖的人类棋手……

我国的人工智能在 20 世纪 70 年代艰难起步，主要是通过国际交流的方式，开始了相关领域的研究。2017 年，人工智能首次被写进政府工作报告，国家明确要加快培育壮大包括人工智能在内的新兴产业。同年，《新一代人工智能发展规划》等多项关于人工智能的发展规划出台，人工智能领域的投资出现快速增长的趋势。云计算、大数据、芯片等技术的进步为人工智能产业快速发展提供了充足的技术支持和算力支撑；特别是互联网的发展产生了大量的数据，为人工智能提供了数据支持。

算力、算法、数据,支撑人工智能的 3 个要素终于齐全。业界认为,人工智能行业正处于第三波发展的爆发期,产业化发展迅速,突出特点就是 AI 应用产品与场景逐渐落地,例如自动驾驶、智能安防、智慧医疗、机器视觉等,人工智能开始广泛深入各个行业。

据互联网数据中心预测,2020 年至 2024 年中国人工智能整体市场规模将保持 30.4% 的年复合增长率;中国在全球人工智能市场的占比将从 2020 年的 12.5% 上升到 2024 年的 15.6%。

人工智能已经迎来了产业化和商业化的最佳机遇。在国内,互联网企业基于技术和数据优势快速布局人工智能。百度、腾讯、阿里巴巴在深度学习、语音识别、计算机视觉等领域进行基础性研究和应用探索。产业内还涌现出一批独角兽企业,未来的科技巨头也许正在成长中。在这条赛道上,中国有望进入全球第一阵营,用人工智能重塑各大核心产业。

区块链

作为区块链技术第一个成功的应用,比特币的名声比区块链响得多,也更容易被大众了解。曾经有知名大学教授自嘲,研究了 4 年都不知道区块链是什么东西。

2008 年,日裔美籍学者中本聪发布了论文《比特币:一种点对点的电子现金系统》。2009 年 1 月,中本聪发布了首个比特币软件,并正式启动了比特币金融系统。多年后,区块链突然成为关注焦点,"创业必称区块链""凡事皆可区块链"让这一潮流愈演愈烈。

中本聪的初衷是创建一套新型的电子支付系统,基于密码学原理而不是基于信用,使得任何达成一致的双方能够直接进行支付,不需要第三方或中介的参与。

从技术的角度说，区块链是一种分布式的数据库，没有主要和备份的区别，所有节点地位平等。从用户的角度看，区块链可以理解为一种分布式账本，没有集中账本，每个会计都可以独立记账。

区块链的难以理解之处在于其技术太过于底层。例如人们都会使用电子商务或者社交平台，但是并不是人人都懂得 Web 2.0 和 IPv6。人们热衷于讨论、买卖比特币，但是并不执着于去了解区块链。对区块链技术来说，知道它能"做什么"比知道它"是什么"更为重要。

在任何需要"记账"的场景中，区块链都有应用空间。区块链有一个非常重要的属性是防篡改。纵向上按照时间顺序将区块（账本）串起来，横向上将同一个区块发到世界各地，最终形成纵横交错的区块链网络，篡改行为会被发现。当然，随着技术的发展和需求驱动，区块链已经发展出可编辑的功能。

防篡改的特性使得区块链可以用于防伪，在不同的行业和领域落地，如物流管理、档案管理、艺术品收藏等，都可以使用区块链技术。

区块链赋予了用户发行通证（token）的权力。比特币对金融秩序的冲击已经显现出来，因此 ICO（Initial Coin Offering，首次币发行）在大多数国家被叫停也在意料之中。

非金融的通证市场对区块链有着旺盛的需求和可行性。例如购物卡、美容卡、饭卡、会员卡等，这些有价通证都可以搬到区块链上，不但流通性变强，可信度也大幅提升。

随着业界对区块链的认知逐渐趋于理性，数字货币、金融市场、物联网成为区块链在现阶段的三大主要应用方向。区块链在产品溯源、供应链金融、贸易金融等领域的应用已经取得了一定成果，应用载体以文件、合同、票据等通证为主。这些领域存在信息不对称、高度依赖第三方机构、交易环节复杂等问题，区块链技术的去中心化与加密特性能够解决这些痛点问题，简化金融服务环节，保障金融信息安全。

区块链技术更多是作为行业赋能的工具在发挥作用。单纯的区块链技术难以发挥价值，与人工智能、物联网、大数据等其他技术相结合，则可以形成一体化解决方案，推动行业应用不断深化，从而进一步发挥对实体经济发展的促进作用。多方协作与价值转移类应用是区块链发展的重点。在摸索起步阶段，我们应该对区块链抱有更大的宽容和期待。

云计算与大数据

信息时代的数据如同工业时代的石油一样，是重要的生产资料，这一点已经成为全球共识。

大数据是海量、高增长和多样化的信息资产，在获取、存储、管理、分析方面超出了传统数据库工具的能力范围，需要新的处理模式才能体现其价值。

大数据技术的核心不在于掌握海量的数据信息，而在于对这些数据进行专业化处理。依靠单体计算机显然无法完成对海量数据的挖掘，必须采用分布式架构。

对海量数据进行分布式挖掘，必须依托云计算的分布式处理、分布式数据库，以及云存储、虚拟化技术。大数据与云计算就像一枚硬币，一体两面、密不可分。

技术的应用最终要服务于生产与生活。云计算与大数据的集合，最终目标是挖掘数据价值。例如，家庭用水数据与居民生活状况有什么联系？杭州市水务集团有限公司利用智能水表数据研判独居老人的生活状况，就是一个很好的案例。安装在老人家中的智能远传水表，就像一个前端数据采集器。老人的用水数据每隔 30 分钟更新一次，数据更新后被传输到后方的管理系统平台上。用水时间、用水量都被动态监测、分析，一旦出现用水异常的情况，平台就会报警。对用水数据的分析和运用解决了独居老人的安全监护问题，大数据发挥"超常"。

目前，我国正加速从数据大国向数据强国迈进。有关统计显示，2019年我国产生的数据量约为 9.4 泽字节，美国约为 8.6 泽字节，两国数据产生量对比见图 3-1。

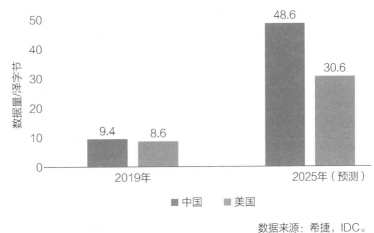

图3-1 2019年、2025 年中美数据产生量对比

数据来源：希捷，IDC。

政府部门、互联网企业、大型企业积累沉淀了大量的数据资源。我国已成为产生和积累数据量最大、数据类型最丰富的国家之一。2019 年，中国大数据产业规模达 5397 亿元，同比增长 23.1%。

掌握了数据，就掌握了信息时代新的生产资料。大数据与自然资源类生产资料相比，又非常特殊：无排他性、可重复、关乎隐私。一方面，数据流通起来才能产生新的价值，另一方面，数据交易与隐私保护的矛盾始终存在。

因此，数据的流通和交易仍然处在一个无规可依的状态。发展缓慢的数据交易以及频发的数据泄露事故同时存在。相关调查显示，大数据企业所使用的数据 50% 左右来源于自己，这意味着数据流通还处于发展早期，数据孤岛普遍存在。

意识到这一问题，我国政府已经加快了在法律层面对数据安全保护做出规范的步伐，确立数据安全保护管理的各项基本制度，同时大力推进政务数据资源开放和开发利用等。

数据是基础性资源和战略性资源。数据安全不但关系到公众利益和个人权益，更影响着国家的发展与安全。有法可依，才能够规范数据流通，形成健康的商业环境，为信息化和数字化的蓬勃发展保驾护航。

随着信息通信技术与各行各业的融合逐步加深，跨学科、跨领域、跨行业的新技术、新应用、新模式层出不穷，蕴藏了巨大机遇和无限潜力。以大数据为主要的生产资料，除了人工智能、区块链、云计算外，物联网、边缘计算等信息技术也是数字经济时代重要的竞争领域。物联网的发展开启百亿级连接规模的万物互联时代，创造了新的价值。边缘计算凭借最近端的服务，不但提升了算力，更让计算变得灵活和可控，提高了对大数据的处理能力。

五、自立自强 矢志创新

科学技术是推动人类文明持续进步和世界不断前行的不竭动力。

我国经济发展的历程证明：只有坚持科技创新和进步，才能自强自立于世界民族之林。我国经济总量已经位居世界第二，社会生产力、综合国力、科技实力迈上了一个新的大台阶。与此同时，人口、资源、环境压力越来越大，发展中不平衡、不协调、不可持续问题依然突出。现代化建设与可持续发展，需要技术进步的强有力支撑，需要最大限度地激发科技创新的潜能。创新不单是形势所趋，更是主动选择。

2018 年 5 月，在两院院士大会上，习近平总书记指出："世界正在进入以信息产业为主导的经济发展时期。我们要把握数字化、网络化、智能化融合发展的契机，以信息化、智能化为杠杆培育新动能。"

在信息通信技术等面向未来的关键核心领域，我们必须站在创新发展的前列，并积极向世界贡献中国方案、中国智慧。

矢志未来，唯有躬耕！

《中华人民共和国国民经济和社会发展第十四个五年规划和 2035 年远景目标纲要》中，"建设数字中国""加快建设新型基础设施""加快 5G 网络规模化部署"等重磅表述，为信息通信业的发展指明了方向。

《纲要》将"加快数字化发展 建设数字中国"独立成篇，提出激活数据要素潜能，推进网络强国建设，加快建设数字经济、数字社会、数字政府，以数字化转型整体驱动生产方式、生活方式和治理方式变革。

《纲要》明确要求，发展壮大战略性新兴产业。着眼于抢占未来产业发展先机，培育先导性和支柱性产业，推动战略性新兴产业融合化、集群化、生态化发展，战略性新兴产业增加值占 GDP 比重超过 17%。

信息通信领域的"十四五"系列规划，也将聚焦高端芯片、操作系统、核心电子元器件、关键软件、基础材料等短板领域、"卡脖子"环节的创新突破，聚焦制造业重点领域和产业链关键环节，启动实施一批重大标志性工程，在提高供给质量和推动制造业数字化、网络化、智能化发展上下功夫。

突破关键核心技术，掌握技术发展的主导权，是民族产业发展的经验和教训。我们要将自主权掌握在自己手中，在不受制于人的同时发挥整体优势，将技术和市场应用结合起来，让先进的信息通信技术产生经济价值，推动社会发展、惠及人民群众。

征程万里风正劲，重任千钧再扬鞭。

科技创新，无远弗届。唯有不负韶华，只争朝夕。

参 考 文 献

[1] 邵素宏，含光，周圣君. 智联天下：移动通信改变中国[M]. 北京：人民邮电出版社，2019.

[2] 本书编委会. 大跨越——中国电信业三十春秋[M]. 北京：人民出版社，2008.

[3] 曹立平，庞微. 兰西拉永远铭记着你们[N]. 人民邮电报，1999-05-28(3).

[4] 赵梓森. 从高锟获奖看光纤通信的发展[N]. 人民邮电报，2009-10-15(5).

[5] 李胜瑭，孟伟松. 奠基中国之"光"——记中国工程院院士、中国"光纤之父"赵梓森[N]. 人民邮电报，2012-06-14(6).

[6] 刘春辉. 八纵八横贯神州[N]. 人民邮电报，2009-09-29(1).

[7] 林军. 沸腾十五年：中国互联网1995～2009[M]. 北京：中信出版社，2009.

[8] 中国网络空间研究院. 中国互联网20年发展报告[M]. 北京：人民出版社，2017.

[9] 武帅. 大复盘：互联网创业20年[M]. 北京：中国宇航出版社，2016.

[10] 陈芳，董瑞丰. "芯"想事成：中国芯片产业的博弈和突围[M]. 北京：人民邮电出版社，2018.

[11] 冯锦锋，郭启航. 芯路：一书读懂集成电路产业的现在与未来[M]. 北京：机械工业出版社，2020.

[12] 谢志峰，陈大明. 芯事：一本书读懂芯片产业[M]. 上海：上海科学技术出版社，2018.

[13] 陈少民. 战略高地：全球竞争与创新[M]. 北京：中国商业出版社，2018.

[14] 邹世昌，海波，秦畅. 芯片世界：集成电路探秘[M]，上海：华东师范大学出版社，2017.

[15] 于立坤. 任正非[M]，北京：北京联合出版公司，2020.

[16] 中国电子信息产业发展研究院. 中国集成电路产业人才白皮书（2019—2020年版）[R/OL].（2020-09-25）[2021-03-15].

[17] 华为. 尊重和保护知识产权是创新的必由之路——华为创新与知识产权白皮书[R/OL].（2019-06-27）[2021-03-15].

[18] 王保平，邵素宏. 善作善成：中国网络扶贫纪事[M]. 北京：人民邮电出版社，2020.